I0416416

EDITORES

ECOTURISMO ZULIANO PARA EL MUNDO

Carlos E. Guillén V.

Carlos E. Guillén V.
Sultana del Lago Editores

Maracaibo, 2024.
PRIMERA EDICIÓN

HECHO EL DEPÓSITO DE LEY

ISBN: 9798877538610
Depósito Legal: ZU2024000021

Diseño de la portada:
Luis Perozo Cervantes

Diagramación y maquetación:
Sultana del Lago Editores

www.sultanadellago.com
+584246723597

DEDICATORIA

A Nuestra Señora del Rosario de Chiquinquirá llamada en Maracaibo Virgen de la *Chinita*, equivalente zuliano de guajirita, patrona del estado de Zulia, Venezuela.

Según cuenta la historia, el 18 de noviembre de 1749, una humilde mujer concluía de lavar su ropa en las riberas del Lago de Maracaibo, cuando inesperadamente vio flotando una tablita de madera fina, la cual recogió pensando en que le podría servir para tapar la tinaja de agua que tenía en el corredor de su casa.

En el amanecer del día siguiente, cuando colaba el café, la dócil señora escuchó unos golpes como si alguien estuviera llamando. Fue a enterarse lo que sucedía y quedó maravillada al ver que la tablita brillaba y que aparecía en ella, la imagen de Nuestra Señora de Chiquinquirá; razón por la cual, la dama comenzó a gritar ¡Milagro! ¡Milagro!, por lo que de ahí proviene el nombre de El Milagro a la avenida que recorre la orilla al lago de Maracaibo, donde estaba la casita de la lavandera.

A partir de ese momento, por esta misma fecha citada, la gaita suena con especial ímpeto y alegría en todo el Zulia, resultante de las numerosas fiestas en honor a la Virgen, quizás la más extraordinaria sea el llamado Amanecer Gaitero, en el que el pueblo de Maracaibo se congrega en la madrugada del día 18/11 en la plazoleta la Basílica, para cantarle a la Chinita las Mañanitas y el Cumpleaños Feliz; cuyas actividades pueden ser promovidas como excelente participación en la celebración del turismo religioso de carácter católico.

El Autor.

PRESENTACIÓN

La Región Zuliana, ubicada al norte de Venezuela, es un territorio de gran riqueza natural y cultural. Representa un mega-ecosistema diverso que alberga una gran variedad de flora y fauna silvestre, incluyendo especies endémicas y en peligro de extinción. En ella se encuentran algunas de las áreas protegidas más importantes del país, como el Parque Nacional "Sierra de Perijá", considerado por muchos autores como el 2do *Pulmón Vegetal* del mundo, localizado en la subregión Perijá, además el Parque Nacional "Ciénagas de Juan Manuel", donde se manifiesta el Relámpago del Catatumbo, conocido históricamente como los faroles del Lago de Maracaibo, ubicado en la subregión Sur del lago de Maracaibo.

Así como también Refugio de Fauna Silvestre y Reserva de Pesca Los Olivitos, localizado en la Subregión Costa Oriental del Lago de Maracaibo (COLM), entre otras áreas protegidas; en cuyos espacios naturales la mayoría tienen grandes bellezas escénicas de elevados atractivos turísticos, para los visitantes locales, nacionales e internacionales; las cuales tienen como objetivo primordial conservar la biodiversidad presente y los recursos naturales, así como promover el desarrollo sostenible de la actividad ecoturística.

Es notorio que en dichas áreas protegidas de la Región Zuliana, se alberga una variedad de atractivos turísticos-recreativos, para los diferentes gustos de los visitantes del mundo, las cuales constituyen un potencial para su desarrollo socioeconómico con el ecoturismo, promotor de la gestión de la conservación de la biodiversidad. Como se sabe, el ecoturismo es una forma de turismo sostenible, que se basa en la apreciación y la conservación de la naturaleza.

En estos ámbitos geográficos, los visitantes pueden encontrar desde bosques muy secos tropicales (Bms-T), hasta montañas nevadas en la sierra de Perijá, pasando por playas paradisíacas de tipo fluviales, lacustres y marítimas, ríos caudalosos y lagunas cristalinas. Tales paisajes representan un gran potencial para el desarrollo del ecoturismo que traería beneficios incluyendo: generación de ingresos para las comunidades locales; promoción de la conservación de la biodiversidad y creación de conciencia ambiental. De hecho, las actividades ecoturísticas pueden ser una importante fuente de ingresos para las comunidades locales que viven en estas áreas protegidas. Específicamente puede generar empleos, impulsar el desarrollo económico y mejorar la calidad de vida de las personas. También el turismo sostenible (ecoturismo), puede contribuir a conservar la biodiversidad y generar conciencia sobre la importancia de proteger los recursos naturales.

Este libro, que su autor me ha elegido para realizar la presentación, engloba una descripción general de las áreas protegidas de la región zuliana, con sus principales atractivos turísticos-recreativos para el mundo local y mundial. Tiene como objetivo promover dichas áreas protegidas que posee el estado Zulia, con interés turístico-recreacional, para darlas a conocer a instituciones públicas y privadas, a fin de desarrollar su potencial mediante prácticas vinculadas a la actividad ecoturística, por ser una industria de bajo impacto ambiental-ecológico adverso. Está dirigido a un público interesado en el turismo y la recreación. Representa una herramienta de gran valía para inversionistas interesados en la actividad turística. También para viajeros que buscan conocer las áreas protegidas de la Región Zuliana y disfrutar de sus atractivos turísticos-recreativos.

En esta obra, el autor destaca dos puntos fundamentales en torno a la temática. El primer aspecto proporciona una introducción a las áreas protegidas, en la que se discuten conceptos básicos como; Áreas Bajo Régimen de Administración Especial (ABRAE); Áreas Naturales Protegidas (ANAPRO); Áreas de Uso Especial (AUE), ecoturismo, entre otros. El segundo aspecto presenta una descripción detallada de cada una de las áreas protegidas de la Región Zuliana con interés turístico. Finalmente, te invito a leer este libro para descubrir la belleza natural y cultural de la Región Zuliana y conocer más sobre las áreas protegidas que posee el estado Zulia. ¡Disfruta de la lectura!

Dra. Adinora Esther Oquendo Garcés.
Decano de Extensión de la Universidad Rafael Belloso Chacín (**URBE**)

PRÓLOGO

Parte del contenido del libro se presentó en la *I Cumbre Ecológica Sierra de Perijá* en fecha 24 al 27/05/2007 en Machiques del Estado Zulia; ámbito con paisajes de atractivos de interés turístico-recreacional, como es el Mega-ecosistema Sierra de Perijá, con bosques que sirven de sumidero de Carbono (C), refugian la diversidad de fauna silvestre, incluso en ecosistemas Cavernícolas, siendo reconocida en el mundo por varios autores como el segundo *Pulmón Vegetal* del planeta Tierra, con Playas fluviales en ríos Negro, Apón, Macoíta y Caño Pedrú, u otros ríos nacientes en este ecosistema; también, situados algunos en la Costa Oriental del Lago de Maracaibo (COLM): rio Burro Negro, entre otros. Mientras que diversos autores consideran el más extenso *Pulmón Vegetal* del universo a La Selva Amazónica, amplio Bosque Tropical integrado por nueve países suramericanos: Brasil, Perú, Bolivia, Colombia, Ecuador, Guyana, Venezuela, Guayana Francesa y Surinam.

Asimismo, hay en el Zulia Unidades de Producción Agropecuaria con atractivos turísticos, u otros sitios que pueden ser promovidos para el turismo agro-ecológico o el ecoturismo, como el Paleo-ecosistema ubicado en el piedemonte de la misma sierra de Perijá, que presenta variedad de fósiles con más de 65 Millones de años científicamente comprobados, según la evidencia del método de Bioestratigrafía, que han permitido reconstruir las relaciones ecológicas entre los organismos de las eras geológicas para fijar la existencia de ecosistema marino-transicional, con cuyos fósiles se estableció un proyecto de Museo Paleontológico-Geológico, con exposición permanente de sesenta y cuatro (64) fósiles, ubicados en un Salón del Museo Juan de Chourio e Iturbide de la ciudad Villa del Rosario del estado Zulia.

Tales fósiles, representantes de antiguas criaturas marinas, hoy día convertidos en roca caliza, que constituye un yacimiento de este mineral no metálico, al presente es la principal materia prima para la fabricación de cemento portland por parte de la empresa zuliana Cementos Catatumbo, C.A. (CECAT), quien es el propietario del proyecto de Museo CECAT, que fue entregado en Comodato o Convenio de Alianza Estratégica por representantes de esta cementera: autor de este libro, Gte de Ambiente e Ing. Geólogo Alberto Urdaneta, Jefe de Cantera (precursor del proyecto), con el Alcalde del Mcpio Rosario de Perijá del Edo Zulia, en consenso con los Directivos de la Fundación Identidad Perijanera, constituidos en custodio de los componentes del referido proyecto desde el día 06/05/2022.

Igualmente existen en el Zulia y en ciudad de Maracaibo otras bellezas escénicas, algunas de las cuales han sido decretadas como Áreas Protegidas por el Ejecutivo Nacional, Zonas de Interés Turístico que cobran relevancia en esta región, entre otros: La Basílica de nuestra señora del Rosario de Chiquinquirá patrona de los Zulianos; La Plaza del Rosario de Nuestra Señora de Chiquinquirá, dispuesta frente a la Basílica, siendo difícil no contemplar tal belleza, en este hermosísimo monumento que representa la aparición de la virgen; El Majestuoso Puente sobre el Lago de Maracaibo, orgullo de todos los Zulianos, que al recorrerlo se observa las ciudades de Maracaibo y San Francisco (pertenece a la jurisdicción de este municipio), la actividad de los pescadores en el lecho del lago, que empalma por la parte más angosta del lago a Maracaibo con el resto del estado Zulia y el país.

El Autor.

1.- INTRODUCCIÓN

En la Región Zuliana que coincide en territorio con el estado Zulia, existen áreas de gran interés turístico y más de veinte (20) **Áreas Protegidas**, en las figuras establecidas en los artículos 15 y 16 de la Ley Orgánica para la Ordenación del Territorio (LOOT, 1983), señaladas áreas bajo régimen de administración especial (ABRAE's), en el que la mayoría tienen una variada gama de paisajes naturales con exuberante belleza escénica de grandes atractivos turísticos, distribuidas en las subregiones que conforman a la Región Zuliana, conocidas como subregión Planicie de Maracaibo, subregión Perijá, subregión Costa Oriental del Lago de Maracaibo (COLM), subregión Guajira y subregión Sur del Lago de Maracaibo.

Tales ABRAE's incluyen: Parques Nacionales "Sierra de Perijá" (Decreto N° 2.983 del 12/12/1978), localizado al oeste del Estado Zulia en la subregión Perijá y el PN Ciénegas de Juan Manual ubicado en la Subregión Sur del Lago de Maracaibo que contiene el Relámpago de Catatumbo. También existe la Zona Protectora y Reserva Hidráulica de Burro Negro, situada en la Costa Oriental del Lago de Maracaibo (COLM), delimitada en su extensión una hermosa Área Protegida del mismo nombre, con la figura de Parque de Recreación a Campo Abierto o de Uso Intensivo (PRCAUI), bajo la administración de INPARQUES - Región Zuliana.

Aunado con la información emitida en el presente manuscrito, cabe destacar que la mayoría de los conocimientos y los conceptos expuestos, son consultados en el marco jurídico del país que integran a las ABRAE's, estudiadas legítimamente en el siguiente marco jurídico vigente venezolano en estas materias, según el orden jerárquico de la Pirámide de Hans Kelsen (1881-1973), iniciándose con nuestra Carta Magna (CRBV, 1999), que enaltece la actividad turística en Venezuela, toda vez que en el artículo 310, consagra la gestión como de interés nacional, haciendo énfasis en su importancia económica y social, determinante para el desarrollo del país y el Zulia, con mayor enfoque de sustentabilidad el Ecoturismo.

Se indica también, la aun no vigente Ley Orgánica para la Planificación y Gestión de la Ordenación del Territorio (2005), porque sigue actual la Ley Orgánica de Ordenación para el Territorio (LOOT, 1983), y su Reglamento Parcial el Decreto 276 (1989), la Ley Orgánica de Seguridad y Defensa (2002) y la Ley Orgánica de Turismo (2014), que declara el turismo de utilidad pública y de interés general.

Asimismo, la Ley del Instituto Nacional de Parques (INPARQUES, 1978), con su Decreto No 2.817 contentivo del Reglamento Parcial de la Ley del INPARQUES para la Administración de los Parque de Recreación a Campo Abierto o de Uso Intensivo (PRCAUI) adscritos a INPARQUES, publicado en la Gaceta Oficial No 36.560 de fecha 15/10/199;

así como la Ley Forestal de Suelos y Aguas (1966, solo vigente la parte de suelo), y la Ley de la Diversidad Biológica (2008).

De la misma manera, la información consultada de Diccionarios de Enciclopedias e Internet y el resto de las citadas referencias bibliográficas, complementada con las experiencias del autor en lo referente a cada tema tratado, como profesional de las ciencias forestales-ambientales, e igualmente de observaciones realizadas en visitas técnicas de campo a la mayoría de las mencionadas Categorías Jurídicas Conservacionistas (CAJUCO) descritas en este manuscrito; conjuntamente con la asistencia a eventos y los testimonios directos en entrevistas con sus colegas.

En efecto, con el propósito de sumar voluntades y esfuerzos para la protección, promoción y resguardo de las Áreas Protegidas de la Región Zuliana con interés turístico-recreacional, se expone este trabajo (2007) en fecha antes indicada, en la *I Cumbre Ecológica Sierra de Perijá*, evento que tuvo como temario central, darle a conocer a los participantes los grandiosos potenciales naturales y culturales que existen en el Megaecosistema Sierra de Perijá: hídricas, étnicas, ecoturísticas, mineras (minerales no metálicos: Carbón y Caliza), forestales y ecológicas por su gran biodiversidad, resultantes de la presencia de bosques de diferentes tipos, considerado como el inmenso segundo *pulmón vegetal* del mundo después de la Amazonia, entre otros recursos naturales y culturales presentes en esta Biosfera.

Aunado con lo antes expuesto, la Unión Internacional para la Conservación de la Naturaleza (UICN, 2012), a la que pertenece la Comisión Mundial de *Áreas Protegidas* (CMAP), que es la red más importante del mundo de especialistas en esa materia, define área protegida (reconocidas como ABRAE's en Venezuela), como "un espacio geográfico claramente demarcado, reconocido, dedicado y dirigido, a través de medios legales u otros efectivos, para lograr la conservación de la naturaleza con sus servicios Ecosistémico asociados y valores culturales".

Dicha comisión ha definido seis (VI) categorías de *Áreas Protegidas*, la categoría I con 2 sub categorías: Ia: Reserva Natural Estricta y Ib: Área de Vida Silvestre; II: Parque Nacional; III: Monumento o Rasgo Natural; IV: Área de Gestión o Manejo de hábitat / especies; V: Paisaje Terrestre o Marino Protegido y VI: Área protegida de Recursos Gestionados o uso sustentable de Recursos Naturales; vociferadas en Venezuela como Áreas Bajo Régimen de Administración Especial (ABRAE).

Afines a las áreas protegidas, la mayoría se encuentran en ecosistemas naturales o casi naturales, o en su defecto se están realizando labores de Restauración Ecológica, mediante medidas de conservación de suelos y aguas para reanudar esta condición (obra citada, 2012); aunque existen algunas excepciones: como ejemplo la ABRAE denominada "Zona de Seguridad Complejo Petroquímico El Tablazo" actualmente *Ana María Campos*, localizado en el municipio

Miranda, de la Costa Oriental del Lago de Maracaibo (COLM), a pocos kilómetros al norte de Los Puertos de Altagracia del estado Zulia-Venezuela, con infraestructura muy conveniente o ventajosa para el avance de proyectos petroquímicos.

Por su parte, de acuerdo a LOOT (1983), se define ABRAE, las áreas del territorio nacional que se hallan sometidas a un régimen especial de manejo conforme a las leyes especiales, señalando en el # 9 del Art. 15: *Zonas de Interés Turístico* (ZIT), las cuales pueden ser correspondidas con los *parques eco-turísticos* existentes en el estado Zulia, que fueron inaugurados durante el último mandato del Gobernador Francisco Arias Cárdenas (2012 al 2016).

Mientras que según el Decreto con Rango, Valor y Fuerza de Ley Orgánica de Turismo (2014), las ZIT son aquéllas áreas turísticas que son declaradas como tales conforme al ordenamiento jurídico (# 22 del artículo 2), con Aprobación de requerimientos de los proyectos dentro de las ZIT en el artículo 72 y Autorización para la implantación y la ocupación de las mismas en el artículo 73 (Ejusdem, 2014), ajustándose a las variables y condiciones de desarrollo establecidas por el Ministerio del Poder Popular para el Turismo (MINTUR).

Por otra parte, el # 5 del Artículo 5 de la misma ley (2014), establece que en el Fomento de la inversión Turística, El Ejecutivo Nacional impulsa y promueve la inversión nacional y extranjera en el sector turismo, que contribuya a la generación de empleos directos e indirectos, captación de divisas para el país, mejora de la calidad de vida de la población receptiva y transformación de recursos turísticos en productos turísticos sustentables y de carácter sostenibles.

En consecuencia, ambas figuras turísticas en referencia (las ZIT y los Parques Ecoturísticos del cuadro 1, de este mismo libro), son ámbitos geográficos donde se sitúan en forma específica la afluencia turística de visitantes cautivados por la belleza escénica de sus paisajes mayormente naturales, pero también existen componentes culturales, con la salvedad que en los parques ecoturísticos se vinculan a un turismo de bajo impacto ambiental adverso, que permite financiar la conservación del negocio del turismo y de los elementos propios de la naturaleza, percepción que se corresponde con el artículo 66 de la mencionada ley (2014).

En este sentido, dado a sus características similares de las ZIT que obtiene las mejores condiciones jurídicas en el país y el mundo, frente a los parques eco-turísticos que fueron promovidos en el Zulia por el Gobernador Francisco Arias Cárdenas (2012-2016), posee sus limitantes, porque esta figura ecoturística no está definida en el Marco Legal vigentes del país y por consiguiente tiene más restringido su mejora obtenido por financiamiento de instituciones internacionales.

No obstante, en el escenario de su planificación, quizás se puede elaborar el Plan de Desarrollo, Manejo y Administración según Decreto No 2.817 publicado en Gaceta Oficial No 36.560 de fecha 15/10/1998, referido al Reglamento Parcial de la Ley de INPAR-QUES para la Administración de los Parques de Recreación a campo Abierto o de Uso Intensivo (PR-CAUI), adscritos al Instituto Nacional de Parques (INPARQUES); aun cuando la administración de algunas ABRAE's de este tipo han sido cedido su administración y manejo a varias de las Alcaldías de la jurisdicción donde se ubican dentro de la región zuliana, como ha ocurrido con el PRCAUI Jesús Enrique Lossada, en la actualidad *Ramón Valbuena*, ubicado en la parroquia El Rosario del municipio Rosario de Perijá del estado Zulia.

2.- OBJETIVOS del libro

2.1.- Objetivo General

Promover el ecoturismo en los paisajes con interés turístico-recreacional ubicados en la región Zuliana, por ser el turismo ecológico una industria de bajo impacto ambiental adverso, para que lo conozcan personas naturales o jurídicas, públicas o privadas de ámbito local, nacional e internacional, a modo que inviertan en esta materia con grandes beneficios socioeconómicos para su ámbito jurisdiccional.

2.2.- Objetivos Específicos

Concebir el Ecoturismo como una gestión económicamente rentable, socialmente beneficiable, técnicamente viable y ecológicamente sustentable, de conformidad a lo establecido en la normativa vigente en la materia, afines a los requerimientos y disposiciones emanados de los entes oficiales responsables de la administración y el manejo de cada área turística, según lo establezca el decreto promulgado.

Desarrollar proyectos ecoturísticos en Zonas de Interés Turístico (ZIT), como las Áreas Protegidas o no ABRAE's con grandes bellezas escénicas, motivando a MINTUR, la Gobernación del estado Zulia y a las Alcaldías de su jurisdicción, para que pueda realizar las inversiones en vínculo con el capital privado.

Familiarizar virtualmente a los potenciales Ecoturistas, con paisajes y ecosistemas localizados en jurisdicción de la Región Zuliana, con interés turístico-recreacional presentes en cada Área Protegida o no ABRAE (no tiene decreto de constitución).

Establecer directrices básicas en la interrelación ambiente-turismo, en el avance de la vida humana con el ámbito del mundo moderno: participación activa para contribuir a patrocinar, conservar y mejorar a las Áreas visitadas que están Protegidas o no son ABRAE's, de conformidad al artículo 299 de la CRBV (1999).

3.- CONCEPTOS BÁSICOS

A continuación, se deriva glosario de términos conexos con el temario objeto de estudio o como comúnmente se menciona el título del libro:

3.1.- Áreas Bajo Régimen de Administración Especial (ABRAE)

Con esta denominación aún son conocidas según la LOOT vigente (1983), afines a las referidas por el autor del presente manuscrito, como: *Categorías Jurídicas Conservacionistas* (CAJUCO), representadas por las Áreas Naturales Protegidas (ANAPRO) y las Áreas de Uso Especial (AUE), establecidas de acuerdo a la Ley Orgánica para la Planificación y Gestión de Ordenación del Territorio (si alcanza a obtener vigencia, promulgada en las Gacetas Oficial de los años 2005 / 2007), porque aún está activa la LOOT (1983), por lo cual todavía priva las ABRAE's de los arts. 15 y 16 de la citada ley (1983), existentes en el país y en el Edo Zulia.

Según el autor del libro, las ABRAE's, son espacios naturales e incluso culturales, ordenados para la conservación de sus componentes, que difieren de la estructura y composición geográfica, paisajística, topográfica y socio-cultural del resto de áreas del territorio nacional, quienes en base a sus características especiales de sus elementos, la biodiversidad presente en el área, las potencialidades de interés ecológico, a condiciones dinámicas de su ubicación y paisajes escénicos, han sido promulgadas por el Ejecutivo Nacional con Decretos Presidenciales declarados en

Consejo de Ministros, dispuestas para el aprovechamiento sostenido de los RNR que contienen y según el espacio que comprenden, que quizás representan el instrumento ecológico más importante de la política ambiental del país.

Las ABRAE's son consideradas instrumentos básicos para el avance de políticas nacionales de conservación, resguardo y mejoramiento del ambiente, que según al régimen especial calificado, requieren de Plan de Desarrollo para su Ordenación, Administración y Manejo y de su Reglamento de Uso, según cada categoría que corresponda en c/u de ellas, para cumplir con funciones descritas al pie de esta página: Productoras[1], Protectoras[2], Recreativas-Educativas[3], y de Seguridad[4].

3.2.- Áreas Naturales Protegidas (ANAPRO)

De acuerdo al Artículo 34 de la aun no vigente Ley Orgánica para la Planificación y Gestión de la Ordenación del Territorio, Caracas - Venezuela, Septiembre de 2005, "Son aquellos espacios del territorio nacional, donde existen recursos o elementos naturales como especies de flora y fauna, condiciones geomorfológicas y hábitats, de especial interés ecológico o escénicos, relevantes para la ciencia, la educación y la recreación.

1 **Funciones Productoras**: Reserva Nacional de Agua, Zonas de Reserva para la Construcción de Presas y Embalses, Reservas de Fauna Silvestre, Reservas de Pesca, Reservas Forestales, Áreas Boscosas Bajo Protección, Zonas de Aprovechamiento Agrícola, Costas Marinas de Aguas Profundas, Áreas Terrestres y Marítimas con Alto Potencial Energético y Minero.

2 **Funciones Protectoras**: Zonas Protectoras, Áreas de Protección y Recuperación Ambiental, Área de Protección de Obras Públicas (también decretadas por Ley de Agua y la Ley de Bosque).

3 **Funciones Recreativas y Educativas**: Parques Nacionales, Monumentos Naturales, Santuarios y Refugios de Fauna Silvestre, Reservas de Biósferas, *Zonas de Interés Turístico* y Sitios de Patrimonio Histórico Cultural y de Valor Arqueológico y Paleontológico.

4 **Funciones de Seguridad**: Zonas de Seguridad y Zona de Seguridad Fronteriza.

Dichas ANAPRO deben ser sometidas a un régimen especial de manejo, para su conservación y protección, según la categoría correspondiente." El Artículo 35 (Ejusdem), considera bajo esta categoría las siguientes: Parques Nacionales, Monumentos Naturales, Santuarios de Fauna Silvestre, Refugios de Fauna Silvestre, Zonas Protectoras y Reservas de Biósfera. Las restantes categorías señaladas en el presente trabajo de investigación, están enmarcadas en el contexto de Áreas de Uso Especial.

3.3.- Áreas de Uso Especial (AUE)

El Art. 37 de la referida ley (2005) define esta Categoría Jurídica Conservacionista: "Las Áreas de Uso especial son aquellos espacios del territorio nacional que por sus características especiales, localización y dinámica, requieren ser sometidos a un régimen especial de manejo, a los fines de cumplir objetivos específicos de interés general como el aprovechamiento sustentable de los recursos naturales en cada uno de ellos contenidos, la protección y recuperación ecológica de áreas degradadas, la conservación de bienes de interés histórico-cultural y arqueológico paleontológico, la conservación de infraestructuras fundamentales y la seguridad y defensa de la nación". Dentro del mismo marco jurídico (2005), el Artículo 38, considera áreas de uso especial las descritas a continuación:

3.3.1.- Reserva Nacional de Agua.

Territorios en los cuales estén ubicados cuerpos de agua, naturales o artificiales (presas o embalses), que por su naturaleza, situación o importancia justifiquen su sometimiento a un régimen de administración especial. Como ejemplos que no han sido promulgados: Lago de Maracaibo, Laguna de Cocineta, Laguna de Sinamaica, Sierra de Perijá u otras montañas boscosas con potencial hídrico.

3.3.2.- Zonas de Reserva para la Construcción de Presas y Embalses.

Espacios que por sus especiales características y situación sean consideradas idóneas para la construcción de obras de presa y embalse. Ejemplos de presas en el Edo Zulia: Burro Negro, Machango, Tres Ríos (El Diluvio), Tule, Manuelote, El Brillante, Matícora y Cocuiza, y con grandes potencialidades: El río Catatumbo.

3.3.3.- Reservas de Fauna Silvestre[5].

Lugar destinado para el hábitat óptimo, el refugio, la nidificación y reproducción de la población de animales silvestres, sometidos a un régimen especial de manejo sustentable, para cumplir objetivos de producción proteica con especies de interés cinegético (avifauna, mamíferos, roedores y reptiles); cuya acción es incluso promovida en algunas unidades de producción agropecuaria de la subregión Perijá y los llanos del país con la cría de Chigüiro y Babilla, entre otras especies.

3.3.4.- Reservas de Pesca[5].

Sitio con gran cantidad de recursos hidrobiológicos diversos, localizados en aguas lacustres, marinas y continentales, protegidos con sistemas ambientales para la actividad extractiva comercial de carácter sustentable. En el estado Zulia existen gran cantidad de

5 Conceptos operacionales y funcionales del autor, porque el referido artículo (38) no los define.

granjas piscícolas y camaroneras (principalmente en la costa occidental del lago de Maracaibo), quienes garantizan formidables cantidades de proteínas de origen acuícolas y generan de manera estable formidables fuentes de empleos directos e indirectos.

3.3.5.- Reservas Forestales[5].

Son grandes extensiones del territorio nacional cubiertas de bosques altos naturales densos, dispuestos a cubrir la demanda de productos o bienes forestales primarios o secundarios en el país, bajo planes de ordenación con adecuación para cada reserva en particular, que garanticen el rendimiento sustentable de la reserva boscosa donde se ubiquen. No existe esta figura en el estado Zulia.

3.3.6.- Áreas Boscosas Bajo Protección.

Todas las zonas de bosques altos, primarios o secundarios que existen en el territorio nacional. Considero que el Megaecosistema Sierra de Perijá que alberga y protege las cuencas hidrográficas con nacimiento en sus *esencias*.

3.3.7.- Zonas de Aprovechamiento Agrícola.

Son Tierras que, por sus atributos, aptitudes de uso y ventajas comparativas y competitivas, deben ser preservadas para el desarrollo agrícola sustentable, con la incorporación de la comunidad rural, las instituciones públicas y privadas directamente vinculadas con el desarrollo de los sectores agrícola y agroindustrial.

3.3.8.- Zonas de Interés Turístico[5].

Son paisajes escénicos con atractivos turísticos, que permiten el desarrollo de actividades afines, concebidas bajo un uso sostenible de sus ambientes naturales o culturales, concebidas por el autor, con el consiguiente que algunos de ellos no han sido proclamados por el Ejecutivo Nacional o Regional: Paisajes de la Sierra de Perijá (Ecosistemas Cavernícolas, p/e), Panoramas de la sub-región Guajira (Caño Paisana y Médanos de Mara), Ecosistema lacustre Lago de Maracaibo (en el Mcpio Insular Padilla el Parque Geológico Natural Las Piedras y los Pueblos de Agua), Monumento a la Virgen de Chiquinquirá y Basílica de la Chinita, entre otras bellezas escénicas La calle Carabobo, Patrimonio Histórico-Cultural de la ciudad de Maracaibo, El sector Santa Lucia y el hermoso Templo en su entorno.

De acuerdo al artículo 4 del Decreto con Rango, Valor y Fuerza de Ley Orgánica de Turismo (2014), las mencionadas figuras jurídicas de interés turístico (ZIT), son consideradas potenciales turísticos de la región zuliana y del país en general, por sus atributos naturales, sociales, físicos, ambientales y culturales, susceptibles para el desarrollo de la actividad turística local, con tratamiento integral en su planificación, promoción y comercialización dentro y fuera del territorio nacional.

Dichas ZIT deben estar orientadas al beneficio de las regiones y comunidades del país, y deben ser incluidas Del Fomento, Promoción y Desarrollo sustentable de la Actividad Turística (véase Título V, Ejusdem, 2014), con prioridad para instituir los criterios para la definición de los Planes de ordenamiento y reglamento de uso (PORU) de las zonas de interés turístico (artículo 74 de la citada ley, 2014).

Mientras que según el Título I en el Capítulo V: De la Planificación Nacional del Turismo del referido Decreto con Rango, Valor y Fuerza de Ley Orgánica (2014), en los artículos 30 al 33, hace referencia a lo siguiente (de gran interés turístico):

- Planificación Turística Nacional.
- Plan Estratégico Nacional de Turismo.
- Planes Operativos Anuales de Turismo.
- Planes regionales y locales de turismo (aplica para la región Zuliana).

3.3.9.- Sitios de Patrimonio Histórico-Cultural y Valor Arqueológico o Paleontológico.

Fotos: Teatro Baralt y Calle Carabobo, ubicados en el centro histórico de Maracaibo.

Son edificaciones y monumentos de relevante interés de la región Zuliana, así como las áreas circundantes de la ciudad de Maracaibo que constituyen el conjunto histórico artístico, arqueológico o paleontológico: Teatros Baralt y la Calle Carabobo (véase fotos, tomada de Internet), Teatro Lía Bermúdez, Palacio de los Cóndores (sede de la Gobernación del Zulia) y sus entornos; entre otros.

3.3.10.- Áreas de Protección y Recuperación Ambiental.

Todas aquellas zonas donde los problemas ambientales provocados e inducidos, bien por acción antropogénica o por causas naturales, requieran con carácter prioritario un *plan de ordenación y manejo*, que es el instrumento a través del cual se realiza la planeación del uso coordinado del suelo, de las aguas, de la flora y la fauna y el manejo de la cuenca, en el que participa la población que habita en el territorio de la misma, conducente al buen uso y manejo de tales recursos.

En virtud que la Cuenca del lago de Maracaibo, aun cuando parte del área es protegida, es afectada con periodicidad por derrames petroleros debidos a fallas en tuberías y en las actividades de extracción y transporte de crudo, que causan graves daños a su Biodiversidad y sus playas; se sugiere que toda la cuenca sea protegida por los diferentes tipos de ABRAE, según las circunstancias de cada una de las áreas que la conforman, dado su importancia se propone de inmediato su saneamiento ambiental y restauración ecológica de sus áreas afectadas.

3.3.11.- Áreas de Protección de Obras Públicas.

Zonas de influencia de construcciones públicas, que deben ser sometidas a usos, de conformidad con los fines y objetos de la obra. Al ser construcciones pensadas para el uso general, las obras públicas se clasifican en distintos tipos y Edificios: Puente sobre el lago de Maracaibo General Rafael Urdaneta (véase foto de esta monumental obra), también pueden ser servicios médicos, educativos, oficinas de servicios, museos, otras Infraestructuras urbanas: calles, parques, alumbrado público, jardines (Jardín Botánico de Mcbo), vías, etc. La gestión de obras públicas representa uno de los mayores desafíos de la gestión gubernamental que responde a lineamientos de desarrollo. Es por ello que su regulación y control requieren especial atención y, sobre todo, noción de los marcos regulatorios.

3.3.12.- Costas Marinas de Aguas Profundas.

Son las Zonas marítimas que por sus especiales características y situación sean consideradas óptimas para el desarrollo de puertos de carga y embarque, que comprenderán el área marítima y terrestre asociada que se delimite en el decreto. En el estado Zulia se había previsto un puerto de carga y embarque de aguas profundas fuera del lago de Maracaibo, para el control de su contaminación por salinidad, al eliminarse la reconstrucción periódica del canal de navegación.

3.3.13.- Áreas Terrestres y Marítimas con Alto Potencial Energético y Minero.

Son todas aquellas zonas que contengan una riqueza energética y minera considerable, en las cuales la extracción debe ser compatible con la preservación del ambiente. Ejemplos: Cuenca Carbonífera del Guasare; zona petrolífera en la subregión COLM y Planicie de Maracaibo (Campo Boscán), que incluye: Municipio Jesús Enrique Lossada y Mcpio Cañada de Urdaneta; extensivo hasta el Lago de Maracaibo, entre otras áreas, el yacimientos de roca caliza en el Piedemonte de la Sierra de Perijá en la Subregión del mismo nombre, que cataloga el municipio Rosario de Perijá, como el principal depósito de caliza del estado Zulia.

3.3.14.- Zonas de Seguridad (ZDS).

Son los espacios del territorio nacional que, por su importancia estratégica local, características y elementos que los conforman, están sujetos a la regulación especial, en cuanto a las personas, bienes y actividades que ahí se encuentren, con el fin de garantizar la protección de estas zonas ante peligros o amenazas internas o externas, según la ley que regula la materia. P/e: Instalaciones de PDVSA (corredores de tuberías, tendidos eléctricos, patios de plantas, etc.).

3.3.15.- Zona de Seguridad Fronteriza (ZSF).

Son Áreas delimitadas que incluye una franja de seguridad de fronteras, así como una extensión variable del territorio nacional, adyacente al límite político territorial de la República de Venezuela, sujeta a regulación especial que estimule el avance integral, con la finalidad de resguardar las fronteras y controlar la presencia y acciones de personas nacionales y extranjeras, quienes desde esos espacios geográficos, pudieran representar potenciales amenazas que afecten la integridad territorial y por consiguiente la seguridad de la Nación (presencia de la Guerrilla Colombiana y de los Paramilitares), según la ley que regula la materia (p/e: Franja Fronteriza de Sierra de Perijá con el hermano país Colombia). En la franja del piedemonte Sierra de Perijá, se hallan haciendas, fincas o fundos con elevado atractivo turístico, como la observada en la fotografía adjunta, que pueden ser dispuestas en el Zulia para el Agroturismo o Ecoturismo.

3.3.16.- Otras áreas que requiera ordenamiento territorial, y las consagradas en los convenios y tratados internacionales, como los *Humedales*: Terreno que sin poseer la consideración de lago o de río, tiene la necesaria extensión y permanece inundado durante el tiempo suficiente para permitir el desarrollo de comunidades biológicas propias y diferentes de las de su entorno. Los pueblos de agua del estado Zulia, como el Congo Mirador y la Laguna de Sinamaica (véase fotografías tomadas de Internet), son casos **típico**s de este tipo de ecosistema. En el país, muchos de estos sistemas húmedos, están protegidos por Áreas Bajo Régimen de Administración Especial (ABRAE's), dentro de los más importantes tenemos: Los Roques, Morrocoy, la Laguna de Tacarigua, los esteros en los llanos venezolanos, Península de Paría y el estado Delta Amacuro.

Imágenes de Pueblos de Agua del estado Zulia: Congo Mirador ubicado en la subregión Sur del lago de Maracaibo, desde donde se observa el Relámpago del Catatumbo y la Laguna de Sinamaica en la subregión Guajira, ecosistema lacustre constituido por la desembocadura al lago de Maracaibo del rio Limón que está conformado por los ríos Socuy, Cachiri y Guasare.

3.4.- Turismo

El artículo 2 del Decreto con Rango, Valor y Fuerza de Ley Orgánica de Turismo (2014), define en los siguientes numerales el concepto de Turismo y sus derivados # 14. **Turismo:** Conjunto de actividades realizadas por personas durante sus viajes y permanencias en lugares distintos al de su entorno habitual, por un período de tiempo consecutivo inferior a un año, con fines de ocio, esparcimiento, recreación, por negocios y otros, así como el conjunto de productos y servicios que se prestan para satisfacer las necesidades y requerimientos de tales personas a cambio de una contrapartida económica.

\# 15. **Turismo como actividad comunitaria:** Es una política de Estado orientada a fomentar la participación de las comunidades organizadas en instancias del poder popular y demás formas de participación en el desarrollo y control de la actividad turística, el manejo adecuado del patrimonio natural y cultural a través del impulso de empresas turísticas de propiedad social directa e indirecta comunal y demás organizaciones socio productivas del poder popular.

\# 16. **Turismo Interno:** Turismo que incluye las actividades realizadas por un visitante residente en la República Bolivariana de Venezuela, como parte de un viaje turístico interno o de un viaje turístico emisor.

\# 17. **Turismo receptivo:** turismo que engloba las actividades realizadas por un visitante no residente en la República Bolivariana de Venezuela, como parte de un viaje turístico receptor.

\# 18. **Turismo Social:** Es una política de Estado orientada a garantizar a las personas que residen en el país el acceso al ejercicio del derecho al descanso, recreación y aprovechamiento del tiempo libre, en condiciones adecuadas de seguridad y comodidad, para contribuir con el desarrollo del turismo, básicamente entre las unidades familiares con menores niveles de ingresos, población de trabajadores, infantil y juvenil, adultas o adultos mayores, pueblos y comunidades indígenas, personas con alguna discapacidad y con condiciones especiales y otras que el Ejecutivo Nacional estime prioritario de acuerdo a sus condiciones socio económicas. A los efectos del presente Decreto con Rango, Valor y Fuerza de Ley

Orgánica, el Turismo Social podrá ser igualmente denominado Turismo Popular.

19. **Turismo sustentable:** Conjunto de actividades turísticas que satisfacen las necesidades de una localidad del territorio nacional en el presente y que no compromete la capacidad de desarrollo de las generaciones futuras para satisfacer sus propias necesidades; abarcando no solo la sostenibilidad ambiental, sino también la social y económica.

3.5.- Turista

Persona que se desplaza hacia un lugar distinto a su sitio habitual, con la finalidad de desarrollar actividades recreativas, sociales, culturales, científicas, ecológicas e interpretativas, o cualquier otra actividad diferente a las gestiones con propósitos económicos (Buscador electrónico Google, consulta en agosto de 2022).

3.6.- Ecoturismo, Turismo Ecológico, Agroturismo (Concepto Operacional)

Es la actividad que consiste en el desplazamiento humano de su lugar habitual, relacionada con fines recreativos, de investigación o de estudio, *en contacto permanente con la naturaleza* para valorarla y apreciarla en su estado salvaje, sin degradarla y sin afectarla, por el contrario, poniendo en práctica mecanismos de acción que le permitan conservar, proteger y contribuir a mejorar los diferentes ecosistemas y paisajes con bellezas escénicas que la constituyen.

3.7.- Ambiente Natural

Conjunto de medios físicos naturales integrados por agua, suelo y aire, así como por los elementos geoquímicos y los componentes biológicos, expresados en la diversidad genética de especies, de ecosistemas y de cultura, los cuales están interrelacionados entre sí y con las acciones antrópicas, quienes constituyen el equilibrio de la naturaleza, si no son alterados en su dinamismo ecológico.

3.8.- Recreación

Es toda experiencia que le provee al humano en contacto con el ambiente natural o cultural, satisfacción en libertad, permitiéndole momentáneo olvido de sus preocupaciones de las que realiza a diario, favoreciendo el re-encuentro consigo mismo como ser humano, sin compulsión ni presiones ajenas o externas; es decir, solaz esparcimiento, asueto, diversión, distracción, pasatiempo, entretenimiento, deleite, echar una cana al aire, andar de gallo, o sencillamente estar alegre, feliz (Buscador electrónico Google, consulta en agosto de 2022).

3.9.- Ordenación del Territorio

Según el artículo 2° de la no vigente Ley Orgánica para la Planificación y Gestión de la Ordenación del Territorio (2005), se entiende como tal, a la política del Estado, dirigida a la promoción y regulación de la ocupación y uso del territorio nacional, a la localización y organización de la red de centros poblados de base urbana y rural, las actividades socioeconómicas de la población y la cobertura del equipamiento de infraestructura de servicios, en concordia con el manejo y aprovechamiento de los recursos naturales y la prevención de riesgos naturales en función de la protección y valoración del ambiente, a fin de lograr los objetivos del desarrollo sustentable, crear las condiciones favorables a la recepción del gasto público y la orientación de la inversión privada, como parte integral de la planificación económica y social de la nación (procurando el proceso sustentable).

Mientras que de acuerdo al Artículo 2 de la vigente Ley Orgánica de Ordenación del Territorio (LOOT, 1983), se entiende por ordenación del territorio el proceso de regulación y promoción de la localización de los asentamientos humanos, de las actividades económicas y sociales de la población, así como el desarrollo físico espacial, con el fin de lograr una armonía entre el mayor bienestar de la población, la optimización de la explotación y uso de los recursos naturales (bajo el enfoque de sustentabilidad), así como la protección y valorización del medio ambiente, como objetivos fundamentales el desarrollo integral.

En esta vía, para la ordenación del territorio la referida ley (1983), considera:

(**a**) la definición de los mejores usos de los espacios según sus capacidades, condiciones específicas y limitaciones ecológicas;

(**b**) la orientación de procesos de urbanización, industrialización, desconcentración económica y de asentamientos humanos;

(**c**) la mejor distribución de las riquezas que beneficie prioritariamente a sectores y regiones de menores ingresos y a las localidades menos favorecidas;

(**d**) el desarrollo regional armónico;

(**e**) el desarrollo agrícola y el ordenamiento rural integrados;

(**f**) el proceso de urbanización y la desconcentración urbana;

(**g**) la desconcentración y localización industrial;

(**h**) la definición de los corredores viales y las grandes redes de transporte;

(**i**) La protección del ambiente, y la conservación y racional aprovechamiento de las aguas, los suelos, el subsuelo, los recursos forestales y demás recursos naturales renovables y no renovables.

Entre los instrumentos básicos de la ordenación del territorio, establecidos en el Artículo 5 de la Ley en referencia (1983), se hallan el Plan Nacional de Ordenación del Territorio y los planes que surgen de éste:

- *Los Planes Regionales de Ordenación del Territorio* (estado Zulia, p/e).

- *Los planes nacionales de aprovechamiento de los recursos naturales y los demás planes sectoriales* que desarrollan las matrices de políticas, programas y proyectos que dan concreción en cada sector estructurante de la economía, servicios, políticas sociales, así como actores sociales organizados, a los objetivos definidos en el Plan de la Patria (concepto de la Vicepresidencia de Planificación).

- *Los planes de ordenación urbanística (PDUL: Plan de desarrollo urbano local).*

En el Artículo 15 perteneciente al Capítulo V De los Planes de Ordenación de las áreas bajo Régimen de Administración Especial (Ejusdem, 1983), constituyen áreas bajo régimen de administración especial (ABRAE's), las áreas del territorio nacional que se encuentran sometidas a un régimen especial de manejo conforme a las leyes especiales las cuales, en particular, son las siguientes, relacionadas con las antes referidas a las **Áreas Naturales Protegidas (ANAPRO)**:

1) Parques Nacionales;

2) Zonas Protectoras decretadas por el Ejecutivo Nacional y por Ley tales como el artículo 54 de la Ley de Agua (2007) y el artículo 67 de la Ley de Bosque /2013);

3) Reservas Forestales;

4) Áreas Especiales de Seguridad y Defensa;

5) Reservas de Fauna Silvestre;

6) Refugios de Fauna Silvestre;

7) Santuarios de Fauna Silvestre;

8) Monumentos Naturales;

9) *Zonas de Interés Turístico* (ZIT);

10) Áreas sometidas a un régimen de administración especial consagradas en los Tratados Internacionales. El Artículo 16.- También se consideran áreas bajo de régimen de administración especial, las siguientes áreas del territorio nacional que se sometan a un régimen especial de manejo, afines con las antes citadas **Áreas de Uso Especial (AUE)**.

3.10.- Zonas de Interés Turístico (ZIT). Es considerada una ABRAE según se evidencia en el # 9 del artículo 15 de la LOOT (1983), definida como el conjunto de municipios en los que se localiza de forma específica la afluencia turística, atraídos por las grades bellezas escénicas naturales o culturales que manifiesta los lugares mayormente ordenados como favoritos por los foráneos que visitan el estado Zulia, cuyo listado se indica a continuación (**fuente**: Tomada de Internet):

Fotos: Basílica Nuestra Señora de Chiquinquirá; en la otra foto Casa de la Capitulación y al fondo, el Palacio de los Cóndores, que ha sido Sede del Poder Ejecutivo desde 1.868.

a.- Basílica Nuestra Señora de Chiquinquirá (véase foto tomada de Internet).

b.- Majestuoso puente sobre el lago de Maracaibo General Rafael urdaneta

c.- Teatro Baralt, adyacente a la plaza Bolívar de Maracaibo.

d.- Vereda del Lago de Maracaibo.

e.- Plaza del Rosario de Nuestra Señora de Chiquinquirá frente a la Basílica.

f.- Tranvía de Maracaibo con sede administrativa en la vereda del Lago.

g.- Centro de Arte Lía Bermúdez al final de la Av. Libertador con Av. El Milagro.

h.- Ecosistema lacustre Lago de Maracaibo.

i - Calle Carabobo, un lugar bien complaciente para visitar por lo simbólico de la ciudad de Maracaibo, en hora de la noche hay discotecas y restaurantes.

j.- Aguamania. Es el primer Parque Acuático de la ciudad de Maracaibo, inspirado en los mejores parques que ofrece diversión, entretenimiento, seguridad, y calidad de atención; se cuenta con óptimas instalaciones y las más divertidas atracciones, con más de 17 toboganes para toda la familia y los juegos más extremos para los más arriesgados. Excelente ubicación, en el Parque Vereda del Lago, considerado el *pulmón vegetal* de la ciudad de Maracaibo, en una zona de fácil acceso y total seguridad para la ciudadanía.

k.- Barrio y Templo Santa Lucia ubicado entre Av. Bella Vista y Av. El Milagro de la ciudad de Maracaibo, considerado uno de los sectores más antiguos de Mcbo.

l.- Aguaventura Park, situado al noroeste de la ciudad de Maracaibo, a la salida hacia la vía de Paraguachón que comunica con el hermano país Colombia.

m.- Jardín Botánico de Maracaibo, ubicado al suroeste de la ciudad de Maracaibo vía Palito Blanco con esquina vía al Aeropuerto La Chinita de Maracaibo. Es un excelente lugar de abundante vegetación arbórea que representan a las especies del bosque nativo y otras especies introducidas, para compartirlas en familia, donde existen espacios para valorar la esencia de la naturaleza, posee estacionamiento; cuyo ámbito tiene gran Importancia Ambiental: **i.** En sus diferentes áreas se encuentran una gran diversidad de flora (véase foto con túnel de la especie Curarire), y estas ayudan al desarrollo y sustento de otras especies faunísticas que habitan en estos espacios. **II.** El jardín Botánico es el *pulmón vegetal* de Maracaibo, ya que ayuda a la provisión del oxígeno (O_2) que necesitamos para respirar los marabinos.

n.- Castillo de San Carlos de la Barra, ubicado en la Isla de San Carlos.

o.- Palacio de Eventos ubicado al costado derecho del Hotel Maruma en la C-2.

p.- Casa de la Capitulación, es un lugar histórico contiguo a la plaza Bolívar de Maracaibo, en excelente estado de conservación (véase foto tomada de Internet).

q.- Catedral de San Pedro y San Pablo, situada frente a la plaza Bolívar de Mcbo.

r.- Iglesia Santa Bárbara de color azul, localizada frente a la Basílica.

s.- Museo de Arte Contemporáneo del Zulia (MACZUL, véase fotografía).

t.- Museo Histórico Rafael Urdaneta (véase fotografía).

u.- Laguna de Sinamaica, constituida por la desembocadura del rio Limón en el Lago de Maracaibo.

x.- Puertos de Altagracia en la COLM donde se ubica el Complejo Petroquímico Ana María Campo, antes El Tablazo.

z.- Cueva del Samán (véase 4to puesto en el cuadro No 1).

MACZUL y Museo Histórico Rafael Urdaneta
(**Fuente:** Imágenes tomadas de Internet)

3.11.- Turismo Sustentable

Según el artículo 66 del Decreto con Rango, Valor y Fuerza de la Ley Orgánica de Turismo (2014), se define al Turismo sustentable como una Actividad Comunitaria y Social, en el que El Estado venezolano fomentará y promoverá la incorporación de las comunidades organizadas en instancias del poder popular y demás formas de participación a las actividades socio productivas en el sector turismo, mediante procesos participativos, de autogestión y cogestión, de sensibilización, formación y capacitación, en un marco de corresponsabilidad y equidad social con criterios de sustentabilidad y sostenibilidad. En este sentido a través de una Ley especial se establecerán los mecanismos e incentivos para el establecimiento del turismo como una actividad comunitaria y social *de carácter sustentable.*

3.12.- Áreas de Protección:

Según el artículo 4 (de las definiciones) de la aun no vigente Ley Orgánica para la Planificación y Gestión de la Ordenación del Territorio (2005), se consideran áreas de protección, aquellos espacios que por sus limitaciones para su intervención con fines urbanísticos, presenten algunas de las siguientes características:

a) estar cubiertas de vegetación boscosa o arbórea,

b) ser áreas potencialmente inundables,

c) constituir corredores de servicio,

d) corresponder a zonas calificadas de inestables o de alto riesgo, consideradas áreas inseguras desde el punto de vista de la Geológica / Sismicidad, y

e) las contenidas en leyes especiales (quizás las referidas Zonas Protectoras establecidas en el artículo 54 de la Ley de Aguas (2007) y artículo 32 de su Reglamento (2018), así como el artículo 67 de la Ley de Bosque, 2013).

3.13.- Consultas Públicas:

Forman parte de un proceso participativo mediante el cual se convocan a los distintos sectores de la sociedad, para que opinen sobre los contenidos de las propuestas de los instrumentos de ordenación del territorio de carácter público. Las consultas públicas se realizarán en los sitios de información o en otro designado al efecto; en ellas se presentará a conocimiento del público o sociedad civil organizada el anteproyecto en forma oral y escrita, y en ese mismo acto se recibirán aportes y observaciones de la comunidad organizada, sin perjuicio de las que puedan consignarse posteriormente, en el sitio de información, en el lapso que establezca el organismo competente (aun no vigente LOPGOT, 2005).

3.14.- Participación Ciudadana:

Es un proceso en el cual la sociedad civil organizada forma parte activa consciente y creadora de las decisiones que afectan su entorno ambiental y social, en función del mejoramiento de su calidad de vida y de su sustentabilidad. Éste implica la incorporación activa en la dinámica del quehacer cotidiano (Ejusdem, 2005):

- la elaboración de alternativas para la resolución de problemas de la comunidad,
- la motorización de proceso de información y la sensibilización ambiental y social hacia el resto de la comunidad,
- el conocimiento y cumplimiento de los deberes y derechos de los ciudadanos, y
- el fortalecimiento de formas organizativas como instrumento de participación.

3.15.- Arboricultura

Según concepto operacional del autor del libro, reforzado con fuentes consultadas, *la Arboricultura* es la ciencia que contiene la elección de áreas sujetas a plantación de especies de carácter ornamental del bosque nativo, preferentemente, así como la propagación, los cuidados técnicos silviculturales que involucra la tala selectiva de plantas perennes y leñosas, incorporado al estudio de su crecimiento, e incluye las prácticas tradicionales; para lo cual se debe profundizar en conocimientos en materia de Dendrología o Silvicultura Urbana, Biotecnología, Etnobotánica, plantas ornamentales y medicinales, los componentes de la Arquitectura Biopasajística o del *arbolado público*, elementos de mantenimiento de parques, plazas, jardines, vialidad y veredas, las instalaciones de viveros, la prevención y control de plagas y enfermedades, los sectores productivos locales, entre otros conocimientos.

Mientras que se concibe *Arbolado Público* al existente en el ámbito urbano o rural, situados en bienes de dominio público estatal, municipal o parroquial, establecidos en los espacios verdes, plazas, parques, paseos, redomas, en ambas márgenes ce calles, vías o avenidas e incluso islas, que conforman el arbolado de alineación (veredas), preferentemente con las especies ornamentales del bosque natural.

Por su parte, el objetivo principal de la Arboricultura es gestionar a cada árbol, situados en jardines o áreas verdes urbanas, para elevar su salubridad, vida útil o longevidad, resistencia a patógenos y mejora de sus características estéticas. No obstante, es una ciencia autónoma, independiente de la silvicultura-ciencia forestal que gestiona, mantiene, explota y conserva los bosques culturales. Se considera que la arboricultura es a la silvicultura lo que la jardinería a la agricultura.

Aunado al concepto de Arboricultura, se deriva la *silvicultura urbana*, que es una rama especializada de la silvicultura, la cual tiene por finalidad el cultivo y la ordenación de árboles con miras a aprovechar la contribución actual y potencial que los mismos pueden aportar al bienestar de la población urbana, tanto desde el punto de vista fisiológico como sociológico y económico, donde los esfuerzos deberían estar centrados en un programa de gestión del arbolado urbano o sub urbano e incluso en las áreas protegidas o no declaradas áreas bajo régimen de administración especial (ABRAE's), a los fines de enaltecer los atractivos turísticos con paisajes de bellezas escénicas, como las áreas verdes y los jardines, también para abordar los desafíos del cambio climático o calentamiento local, como ocurre con Arboleda para Maracaibo, donde el autor del libro es socio participativo.

En el caso de la *Arboleda para la ciudad de Maracaibo*, se ha tenido la obligación de programas de Arborización, dado su clima tropical de elevada temperatura o de intenso calor, exacerbado por una alta humedad relativa, cuya acción se viene avanzando con la plantación de la especie Cují yaque (Prosopis juliflora) en la Av. Universidad, u otras iniciativas; ámbitos que consideran la flora predominante de la Zona de Vida según el mundo ecológico del Dr. L. Holdridge de tipo Bosque muy seco Tropical (Bms-T) en la mayor parte de la ciudad, en sinonimia con el Bosque semi-xerofítico según los sistemas fitogeográficos venezolanos (para Maracaibo), donde también confluye otra zona de vida: la Maleza Desértica Tropical, asociados con las formaciones vegetales de bosque hidrófilo o de manglares quienes son excelentes sumideros de Carbono y el bosque Riporio o de galería en cañadas.

En particular, el personal técnico de *Arboleda para Maracaibo*, ha preferido las especies del bosque nativo *de bajo mantenimiento o Resistentes a la sequía y al ataque de plagas o enfermedades* causadas por descortezadores, barrenadores, defoliadores, carpófagos y cogolleros; entre las que se pueden nombrar especies de Cují yaque, Acacia Flamboyán, Vera negra, Saquisaqui o Ceiba roja, Curarire / Acapro o Puy, Cabimas o Aceite de palo, Algarrobo, Majumba, Sibucara, u otras; sugiriéndose que las especies a utilizar en las plantaciones deben cumplir además con los siguientes requerimientos (consideraciones del autor del libro):

a) Las *exigencias* de las especies seleccionadas deben estar en concordancia con las condiciones ecológicas propias del sitio de plantación o congruente con el piso térmico o zona de vida de la arborización.

b) Si se incluye especies de la zona de vida de mejores condiciones ecológicas, se debe cumplir con ciertas exigencias durante el plantío de individuos: plántulas con el cepellón o bola de tierra, apertura de hoyos amplios, complementados los mismos con abono orgánico, fertilización completa de formula química e hidrogel, así como mayores dosis y menores frecuencias de riego abundante.

c) Utilizar especies Forrajeras que sean frondosas con buena sombra, longevas y atrapa carbono para combatir el fenómeno del calentamiento local, como Samán, Cacahuito o Camoruco y Carocaro (plantados en redomas, p/e), aunado a frutales perennes como Aguacate, Cotoperíz, Limón, Mamón, Mandarina, Granada, Onoto o Achote, Merey o Cágüil, Naranja, Níspero, para resarcir con mayor facilidad a la fauna silvestre, que permitirá seguir mejorando la biodiversidad con la calidad del patrimonio forestal mejorado, previo a las especies elegidas del bosque nativo, en particular los individuos con carácter ornamental.

d) Recurrir a especies con sistema radicular profundo en aquellos sitios expuestos al daño de infraestructura, con ramificación no bimodal, excluyendo especies de la familia Bignoniácea, si se arborizan a ambas márgenes de las vías angostas, que obstaculizaran el tránsito automotor.

e) Utilizar especies de crecimientos vertiginosos y que sean especies longevas, como el Apamate o Roble blanco, Cedro, Caoba, Mijao, Cacahuito o Camoruco, Cabimas, y Carocaro, Majumba o Ceibote, Sibucara, entre otras.

f) Preferir especies que sean recuperadoras de suelo marginales o degradados, las cuales por lo general son de carácter forrajeras o de frutos comestibles, como Samán, Caracara, Algarrobo, Cabimas o Copaiba, entre otras, las especies que pertenecen a la gran familia de Leguminosas (citadas), que tienen el privilegio de atrapar el Nitrógeno atmosférico, mediante nódulos colocados en la base del tallo en simbiosis con las bacterias nitrificantes e incorporarlo al suelo, para su propio beneficio o el de otras especies como las gramíneas o pastos, constituyendo un modo de producción conocido como Agroforestería del tipo Silvo-Pastoril.

A continuación, se presentan los criterios propios del autor para la selección de las especies forestales y frutales perennes que serían utilizadas en la Arboricultura, que es considerada una de las principales fases de la Ingeniería de este proyecto:

Criterios técnicos silviculturales

• Seleccionar las especies según la finalidad de la plantación: Productivos o de Protección que incluye Arborización con carácter ornamental o especies de flores vistosas, especies recuperadoras de suelo para la restauración ecológica, como aquellas de la gran familia de Leguminosa; así como también la práctica de la Agroforestería como plantaciones con fines de multiservicio.

• Utilizar especies arbóreas siempre verdes o no caducifolias en jardines y vías públicas urbanas, para evitar la caída de sus hojas, las cuales generan cantidades considerables de residuos vegetales, aunque las mismas se constituyen en abono.

Nota: la pérdida de las hojas de algunas plantas (caducifolia), es un mecanismo de defensa a la sequía, para evitar la pérdida de agua constante de la planta durante el proceso de Evapotranspiración.

• Preferir especies del bosque nativo con carácter de Endémicas como es el caso de la especie Carreto (Aspidosperma polineurum), exclusiva del piedemonte de la sierra de Perijá colombo-venezolano, que llega hasta jurisdicción del municipio Rosario de Perijá (limite rio Cogollo); u otras especies de la zona como Peonia.

• Establecer las especies distribuidas de manera mezclada e irregular, simulando la distribución que tienen en el Bosque Tropical, porque los monocultivos son más susceptibles o propensos al ataque de plagas y enfermedades.

Criterios Legales

Preferir las especies en situación de vedadas por el Gobierno Nacional (MINEC), que estén amenazadas o en Peligro de Extinción, según el Libro Rojo de la Flora Venezolana, dado a su elevada explotación por su eminente valor comercial, como el Apamate o Roble blanco, el Cañahuato, la Caoba, el Cedro, El Mijao o Caracolí, La Vera negra, El Saquisaqui o Ceiba roja y el Curarire, entre otros.

Del mismo modo, el autor de este libro considera oportuno presentar los siguientes Cuidados Técnicos Arboriculturales de las Plantaciones de tipo Ornamental o de los jardines, que pueden ser avanzadas en los ámbitos de las ABRAE's, entre otros paisajes donde se pueda mejorar los atractivos turísticos de las mismas:

1) Reconstrucción de la poceta o platón:

La poceta es requerida para albergar el agua del riego o de las lluvias, con dimensiones de la poceta original: diámetro de unos 80 cm de ancho y calado o excavación de unos 5 cm en torno al platón de la plántula (en los 80 cm).

2) Abonamiento químico o fertilización

• Formula completa N-K-P a razón de 250 kg/plántula la 1era dosis a los 3-4 meses de haberse plantado el arbolito, hasta cumplir los 4 años de edad, que ya pueden sobrevivir sin requerimiento de los cuidados o Mtto, ampliando frecuencia de Mtto a cada 6 meses y más 50 gr/plántula cada vez que se fertilice.

• Abonamiento con elementos orgánico provenientes de compostaje, p/e. Puede aplicarse el Mtto en la misma frecuencia y con dosis de 2-3 cm de capa de abono sobre el platón.

3) Control de Malezas (Platoneo)

Debe ser realizado en torno a la plántula al mismo tiempo con la reconstrucción de la poceta; sin embargo, puede ser ampliada la cubierta y ejecutarse con los siguientes métodos conocidos:

a. Control Manual con escardilla, machetes o desbrozadora;

b. Control Mecánico con rotativa acoplado a tractor agrícola;

c. Control Químico con la aplicación de herbicida unos 15 días después del desmalezado y en la temporada de lluvia (aunque se puede envenenar la plántula)

d. Control Biológico mediante el pastoreo de ganado, siendo preferible cuando la plántula tenga tamaño superior de 1,5 m de altura.

4) Control Fitosanitario

Permite mantener la plantación libre de plagas y enfermedades con las siguientes prácticas agronómicas, algunos de los cuales son comunes en las plantaciones de espacios pequeños:

4.1) Medidas Naturales:

Se sugiere para el control de plagas y enfermedades el uso de extractos de ajo, hojas de la especie eucaliptus, extractos de ají picante, semillas y hojas de la especie Nim que contienen Azidharatha, mezclado con agua para el control de insectos y otros patógenos; cualquier otro fruto, semilla u hojas de características aromáticas que ahuyenten, alejen o repelen a plagas o animales que ocasionan enfermedades a los cultivos o plantaciones de interés, en particular a las hormigas y bachacos que son muy frecuentes al inicio de las plantaciones forestales de cualquier tipo (producción o de protección (conservacionistas y ornamentales).

4.2) Control Químico

Para combatir las plagas o animales dañinos se utilizan algunos agroquímicos como Insecticidas, Fungicidas, Nemáticida, Acaricida u otro plaguicida de alto espectro, pero de baja toxicidad o de ser posible de carácter orgánico de los que se ubican en el mercado local. En la aplicación se considera tomar las medidas de bioseguridad para el trabajador y evitarse la contaminación de las aguas y de los suelos con el agroquímico, el cual debe ser aplicado de manera puntual y al final de la época de verano.

4.3) Control Biológico

Es un método aplicado si las circunstancias lo permiten controlar los hábitats de las plagas, sus huevos, las larvas u otras formas reproductoras, o en su defecto con la presencia de sapos, insectos, aves, bacterias u hongos, que se coman o arruinen las partes o los animales patógenos o rompan cor_ alguna cadena de las etapas del proceso de reproducción de especies de animales perjudiciales.

4.4) Medidas Mecánicas:

Es una manera práctica y funcional de controlar un poco los animales enemigos o con daños a cultivos y plantaciones. Entre tales medidas tenemos las siguientes:

a) Trampas a roedores y lagartijos que atacan a los arbolitos < 1 m de altura.

b) Equipos de atrapado de insectos con aparatos especiales, para lo cual debe vigilarse y atacarse el refugio de los mismos; cuya área de plantación debe ser pequeña, a los fines que permita mantener vigilia permanente.

4.5) Medidas físicas:

Uso de elementos como el agua, la luz, el fuego y la electricidad, entre otros. P/e: se puede emplear el calor para destruir los parásitos existentes en las partes de la plántula, teniéndose en cuenta de no afectar al cultivo total o perjudicar a la planta a controlar, al entrar en contacto con el elemento.

4.6) Medidas culturales:

Se refiere a los cuidados técnicos de mantenimiento que requieren las plantas, para que se desarrollen fuertes y resistentes al ataque de plagas y enfermedades, entre las Medidas Culturales que se pueden aplicar están las siguientes:

✓ Evitar la humedad excesiva para no propagar hongos patógenos.

✓ Introducir dentro de las plantaciones o cultivos, algunas especies medicinales o de uso Cosmetológico, que tengan olores aromáticos para que ahuyenten a los animales patógenos.

✓ Eliminar las malas hierbas de manera continua con el Platoneo, para evitar que las plántulas se debiliten por competencia con malezas por nutrimentos, luz solar y espacio físico, facilitando ser atacadas por las plagas y las enfermedades.

✓ Abonar la planta cada vez que se dé inicio a un nuevo lapso de Mtto.

5) Reposición de plántulas muertas o con deterioro irreversible

• Con especies similares a la que resultó muerta, en particular si es destruida por acción cultural.

• Con especies que presentan mayor nivel de sobrevivencia.

• Con especies que fijen los técnicos especialistas y funcionarios del MINEC.

6) Podas después de transcurrir de 1-2 años

Se sugiere realizarla posterior a 1 año de establecida la plantación y son de varios tipos, desde una poda demasiado radical del arbolito que a menudo implica su supervivencia, hasta una poda sutil; lo que indica que cada especie de árbol o frutal perenne exige un tipo de poda diferente, como las indicadas a continuación:

6.1) Poda de crecimiento:

✓ Poda de Copa si se prefiere crecimiento en grosor (desmochar cogollos o descopar): Se realiza en el primer año de la plantación, la cual consiste en podar la rama principal de la copa o también denominado Meristemo Apical, para favorecer la ramificación del arbolito o en su defecto incrementar el crecimiento en grosor, cuya poda favorece principalmente a las especies de frutales perennes, al incrementar el follaje que puede sostener máximas cantidades de frutos.

✓ Poda Lateral o a los lados de cada plántula, eliminándose los meristemos laterales, si se prefiere el crecimiento en altura, el cual no es muy beneficioso en las especies de frutales perennes.

6.2) Poda de formación:
Se lleva al cabo por varios años especialmente en plantas ornamentales para mejorar la estética o silueta de la planta, a los fines de dar una forma adecuada al árbol, arbusto o sufrútices, también llamada poda de estética aplicada a la planta.

6.3) Poda de aclareo: Se trata de cortar ramas enteras, a la vez se hace la poda de formación, la cual ayuda a la formación de la copa, requerida en general en especies forestales para formar un buen fuste o tallo principal, e incluso se corta todo el arbolito si se observa en condiciones de insalubridad e irrecuperable.

6.4) Poda de invierno: Se realiza en la época de lluvia sobre árboles de lento crecimiento o poca vigorosos como las especies forestales de Algarrobo, Carreto y Vera, p/e, lo cual apacigua la formación de flores e incrementa su crecimiento en longitud o grosor, según el sitio de aplicación de la poda: apical o lateral, en orden.

6.5) Poda de verano o poda verde, que tiene por finalidad regular el crecimiento en longitud o grosor, como es el caso de la especie de trinitaria e Isora, p/e, para aumentar la cantidad de floración en ramas disponibles, que antes competían con aquellas donde no existía flores.

6.6) Poda de Limpieza: son aplicadas a las ramas viejas y secas, realizadas para prevenir que exista una excesiva cantidad de madera seca, que permita una gran combustión en caso de incendio forestales o que sirvan de huésped a las plagas o aquellos animales patógenos de las plantaciones forestales con varios fines, también de frutales perennes o plantas ornamentales, llamadas podas de limpieza al proceso por el cual un árbol se protege de la entrada de organismos parásitos.

7) Aclareos en plantaciones Forestales con varios fines

Es una Técnica Silvicultural que consiste en reducir el número de árboles por ha (hectárea) en la plantación forestal, o en los cultivos perennes, con el objeto de concentrar el potencial productivo de crecimiento en diámetro, área basal y altura en los mejores individuos que persistirán en pie, o para mejorar la fructificación al eliminar la competencia entre árboles. En general, básicamente se pueden realizar dos (2) tipos de Aclareo indicados a continuación:

7.1) Aclareo Fitosanitario: proceso que consiste en eliminar en la Arboricultura, aquellas plantas enfermas que tenga características físicas visibles, a objeto de reducir la proliferación de plagas y enfermedades (aclareo de limpieza).

7.2) Aclareo al 50%: técnica realizada a la plantación de 6-7- años de edad con alturas entre 7-10 m, a los fines de minimizar entre los individuos la competencia por el espacio físico, por nutrimentos vegetales y la luz solar, cuando la densidad de plantación inicialmente es elevada (p/e: 1.111-625 o 400 árboles/ha), cuyos individuos extraídos pueden ser utilizados como productos forestales secundarios.

8) Reconstrucción de Guardarrayas

Deben construirse y reconstruirse cada año antes del inicio de la época de verano, para evitar daños a componentes de la Arboricultura y el resto del paisajismo, causados en la época de sequía por la ocurrencia de incendios forestales, por lo cual se debe construir en el perímetro de la plantación franjas de unos 6 m de ancho, las cuales son mantenidas todos los años por la temporada de verano.

4.- ÁREAS PROTEGIDAS DE LA REGIÓN ZULIANA CON INTERÉS TURÍSTICO

El Ejecutivo Nacional a través de los entes competentes, inicia en el país en 1937, lineamientos de políticas ambientalistas hacia la conservación y el mejoramiento ambiental, con la creación de la primera área bajo régimen de administración especial (ABRAE), con el Parque Nacional (PN) *Rancho Grande*, por iniciativa del botánico e insigne naturalista de origen suizo Henry Pittier, denominado luego "Henry Pittier" después de su muerte, en su honor como confesión a su ardua labor de propiciar el fomento de conservar y proteger la naturaleza para las generaciones venideras, lo que hoy día se designa desarrollo sustentable; cuyo PN comprende gran parte de las costas del Edo Aragua y zona montañosa que alberga abundante biodiversidad y son paisajes de elevados atractivos turísticos.

Luego de transcurrir quince (15) años, es establecido en 1952 el Parque Nacional "Sierra Nevada" que tiene carácter bi-estatal: Mérida y Barinas y protege el pico más alto de Venezuela que mantenía nieves perpetuas hasta hace poco. Después de casi 20 años (1970), es cuando se incrementa la promulgación de ABRAE's, la mayoría con paisajes de grandes bellezas escénicas. Dichas ABRAE's demandan un régimen especial de manejo, a fin de cumplir los objetivos para lo que fueron decretadas, en afinidad con la Ley Orgánica de Ordenación del Territorio (LOOT, 1983), ocupando alrededor del 50% del espacio geográfico del territorio nacional; no obstante, dado al solapamiento entre ABRAE's porque algunas tienen a veces dos (2) áreas protegidas bajo decreto, el espacio real es inferior al referido 50%.

Asimismo, en Venezuela se ha dado inicio con fecha 11/08/2005 cierta campaña ecológica con marco jurídico que aún no está vigente, denominada *Ley Orgánica para la Planificación y Gestión de la Ordenación del Territorio* (LOPGOT), que regirá, si entra en vigencia, el proceso general para la Planificación y la Gestión de la Ordenación del Territorio (PGOT), en correlación con las realidades ecológicas y los principios, criterios, objetivos estratégicos del desarrollo sustentable, que incluyan la participación ciudadana y servirán de base para la planificación del desarrollo endógeno, económico y social de la Nación (artículo 1).

También, el Título II de los Planes Nacionales, refiere el Capítulo IX a las Áreas Naturales Protegidas (artículo 34 en adelante) y Áreas de Uso Especial (desde el artículo 37), asociados con los artículos 15 y 16 de la vigente LOOT (1983), legislación que manifiesta las indolencias sustentables en el desarrollo económico, social y ambiental que existen entre las diferentes regiones geográficas del país, buscándose crear instrumentos jurídicos para superar tales fallas, correspondidos con la vigente Constitución de la República

Bolivariana de Venezuela (CRBV, 1999), la cual en su artículo 128° establece a la ordenación del territorio nacional como una política de Estado, y proceso de planificación estratégica (artículo 299), que atenderá a las realidades geográficas, ecológicas, poblacionales, sociales y culturales (en hora buena que ocurra a propósito de lo citado en ambos artículos).

Por su parte, la LOPGOT tiene como fin conservar y garantizar el fomento de las Categorías Jurídicas Conservacionistas (Artículo 41), avalándose proteger sus ambientes naturales y su biodiversidad existente, asegurar el manejo sustentable de ecosistemas presentes en estos ámbitos, propiciar la Investigación Científica y la Educación Ambiental en esos laboratorios naturales, y promover la participación de la comunidad organizada, a través de las consultas públicas en los procesos de la promulgación del respectivo Decreto que decretará el ABRAE, según el actual régimen venezolano y su Plan de Ordenación y Reglamento de Uso (PORU), o Plan de Desarrollo para la Administración y Manejo de tal ABRAE establecida, y su respectivo control de las actividades proyectadas, entre otras acciones a lograr con sus programas operativos formulados en los mencionados planes.

Algunas Áreas Protegidas del Estado Zulia están siendo manejadas por la acción antrópica, en procesos de avances mineros en Cuenca Carbonífera del Guasare, también para expandir la actividad agropecuaria con el establecimiento de fundos y para aprovechar productos forestales e hídricos; igualmente en otras actividades comerciales e industriales, ejemplos: explotaciones de minerales no metálicos (extracción de caliza en el municipio Rosario de Perijá), Petróleo (Campo Boscán), entre otras, algunas de las cuales son áreas con elevado interés turístico, como es el caso del ecosistema sierra de Perijá incluyéndose su piedemonte de serranía.

Dichas áreas protegidas han sido creadas con Decretos Ejecutivos de carácter Nacional y Regional, por disposición de las Leyes Especiales u Ordinarias vigentes, en concordancia con la Ley Orgánica de Ordenación del Territorio (1983, aún vigente), que según el Artículo 8° del Decreto con Rango, Valor y Fuerza de la Ley Orgánica de Turismo (2014), el ministerio del poder popular con competencia en materia de turismo (MINTUR), es el órgano rector y la máxima autoridad administrativa en la actividad turística, encargado de formular, planificar, dirigir, coordinar, evaluar y controlar las políticas, planes, programas, proyectos y acciones estratégicas destinadas a la promoción y desarrollo sustentable del territorio nacional como destino turístico preferente a nivel mundial, orientado al mejoramiento de la calidad de vida de la población y a potenciar la participación y el protagonismo de las comunidades en la actividad turística.

Esta variedad de espacios geográficos de atractivos turísticos en la región zuliana, van desde ciénagas como el creado Parque Nacional "Ciénagas de Juan Manuel", pasando por otras zonas de vida extrema e intermedia como son los Bosques Xerófilos de la

Sub Región Guajira, hasta Médanos de Mara, cruzando bosques muy secos en la riveras del lago de Maracaibo, bosques secos tropicales (Bs-T) en la mayoría de las subregiones de la región Zuliana, bosques sub-húmedos (Zona Protectora Piedemonte de Perijá), bosques húmedos en la Zona Protectora San Rafael del Guasare, hasta los denominados Bosques Nublados Andinos, enmarcados dentro del Parque Nacional "Perijá" (≤ 4.000 msnm).

Además, la región Zuliana posee otras grandes bellezas escénicas no declaradas Áreas Protegidas o ABRAE's como, por ejemplo: el Lago de Maracaibo, Laguna de Sinamaica, Laguna de Cocineta, Gran Eneal, Río Negro, Caño Pedrú e Islas de San Carlos y Zapara, entre otros paisajes naturales las haciendas de la subregión Perijá con bellezas escénicas, que bien merecen ser ámbitos geográficos donde podrían ser utilizados como alternativa en la práctica del Agroturismo/Ecoturismo.

Dichos espacios geográficos son sitios propicios para recibir a turistas en procura de lugares que aún se mantienen prístinos y/o conservados en su estado natural, poco afectados por la acción antrópica, tranquilos, libres de la actividad comercial, el humo de las fábricas e industrias, el ruido de los automóviles, la contaminación atmosférica, u otras condiciones naturales favorables para la práctica del turismo ecológico, como listado **cuadro 1**: Parques Ecoturísticos promovidos por Fco Arias Cárdenas en su último mandato en la Gobernación del Zulia del 2012 al 2017.

Cuadro 1: Listado de Parques Ecoturísticos que existen en el estado Zulia.

Parque Ecoturístico	Municipio	Fecha de In- auguración	Hectáreas Protegida
Tierra de Sueños	Maracaibo	13/02/2013	92
Ojo de Agua El Cardón	Miranda	06/10/2013	92
Refugio de Dantas	Lagunillas	19/04/2014	500
Cuevas del Samán	Jesús E. Lossada	19/04/2014	50
Añú El Guacuco	Mara	17/05/2014	650
Rutas de Palmarejo	Santa Rita	21/09/2014	750
Mudanza Pedrera	Valmore Rodríguez	05/10/2014	5.000
Cueva de Toromo	Machiques de Perijá	02/11/2014	50
Geológico Natural Las Piedras	Insular Almirante Padilla	09/11/2014	10
Xerofítico Natural Los Yabos	Miranda	30/11/2014	10
El 40	Baralt	07/12/2014	2.000
Flamencos de Helímenes Perozo (RFS y Reserva de Pesca Ciénaga Los Olivitos)	Miranda	12/12/2014	6.000
Acantilados Cacique Nigale	Mara	17/12/2014	50
Caída de Agua Río Cogollo	Rosario de Perijá	21/12/2014	2.000
Pararú	Guajira	28/12/2014	1.280
Médanos de Mara	Mara	18/01/2015	138
Caño La Maroma	Colón	06/02/2015	540
Caño Paijana	Guajira	15/02/2015	4.000
Caño La Tigra	Mara	15/02/2015	500
Totumena	Machiques de Perijá	08/03/2015	300
Cerro Los Vientos	Miranda	21/03/2015	200

Fuente: Portal externo o Web de la Fundación Azul Ambientalista, consultado en septiembre 2015, fundamentado en información de la Fundación Ecoparques del Zulia y la Secretaria de Ambiente, Tierras y Ordenación del Territorio de la Gobernación del estado Zulia. Maracaibo, julio de 2023.

A continuación, se describen los Parques Ecoturísticos que hay en el Edo Zulia, teniendo como fuente el Dr. Lenin Cardozo: Entrevistas, Artículos, Videos, 2010-2015 (presente buscador electrónico Google), que aun cuando esta figura jurídica no es considerada en la LOOT (1984) u otra legislación, pueden ser sometidos a Planes de Desarrollo de Administración y Manejo con la normativa existente, previa promulgación por el Ejecutivo Regional o Nacional en Concejo de Ministros:

a) Parque Ecoturístico *Tierra de Sueños*: ubicado al Nor-este de Mcbo en el sector Capitán Chico del Barrio Santa Rosa de Agua, jurisdicción de la Parroquia Coquivacoa, Mcpio Maracaibo del Estado Zulia; ámbito donde fue elaborado un Trabajo de Grado de *caso* con fecha junio 2016 por el Maestrante: Abg. Ángel Adonaís Parra Márquez y Tutorado por el autor del presente libro, en el marco del Programa de Maestría de Gerencia Ambiental (PMGA), patrimonial de Universidad Experimental Politécnica de la Fuerza Armada Nacional (UNEFA) Núcleo Zulia.

Dicho trabajo fue titulado *Desarrollo Sustentable de Parques Ecoturísticos de la Región Zuliana*, concebido de conformidad al marco jurídico vigente del país en la materia, entre otros el Decreto Nc 276 de fecha 9-6-1989, referido al Reglamento Parcial de la Ley Orgánica para la Ordenación del Territorio sobre Administración y Manejo de Parques Nacionales y Monumentos Naturales, ajustado para esta figura jurídica conservacionista; también podría adecuarse el Decreto No 2.817 del 10/09/1998: Reglamento Parcial de la Ley del INPARQUES para la Administración de los Parque de Recreación a Campo Abierto o de Uso Intensivo adscritos a INPARQUES, publicado en la Gaceta Oficial No 36.560 de fecha 15/10/1998.

El referido trabajo de grado tuvo como propósito principal "Promover el Desarrollo Sustentable del Parque Ecoturístico Tierra de Sueños", a los fines que permita optimizar su funcionamiento, implementando un Plan de Manejo para Ordenar y Reglamentar esta área aun no protegida de manera legal, basado en el referido marco jurídico vigente del país en la materia (no tiene Decreto Ejecutivo).

No obstante, en Venezuela si existe un marco jurídico referido al Decreto N° 1.843 de fecha 19/09/1991, mediante el cual se dictan las Normas para la Protección de Los Manglares y sus Espacios Vitales Asociados, publicado en la Gaceta Oficial de la República de Venezuela N° 34.819 de fecha 14/10/1991, el cual se debe poner en práctica de inmediato en las riberas del lago de Maracaibo, dado la importancia como ecosistema favorable para la Biodiversidad y cambio climático.

Igualmente, tuvo como propósito realizar los enfoques teóricos y metodológicos de varios autores, del investigador y experiencias del Tutor, para buscar las maneras de gestionar la gerencia de un Área que se procura proteger, refiriendo todas las fuerzas académicas e investigativas, con el Avance Sustentable del nombrado Parque Ecoturístico, hacia un *Plan de Desarrollo* para facilitar su administración y manejo; cuya información resultante de la investigación, debe darse a conocer a quienes potencialmente puedan llegar a ser administradores de este eco-parque, para luego divulgarlo a los visitantes lugareños y foráneos, a fin que contribuyan con su conservación y mejoramiento, que según se evidencia en varias visitas que se ha realizado al sitio, ya son considerados muchos convidados que ya existen.

b) Parque Ecoturístico *Ojo de Agua El Cardón*, ubicado en el Consejo de Ciruma (cruzar en la margen derecha en el Km 36de la carretera la William), población del municipio Miranda, estado Zulia, declarada por las autoridades del Ministerio del Ambiente *Pueblo Jardín* desde el año 1979 (véase fotografía).

c) Parque Ecoturístico *Refugio de Dantas*, está ubicado en el área de Reserva Hidráulica del Embalse de Burro Negro, municipio Lagunillas, en la COLM del Edo Zulia, Venezuela. Es un hermoso paraje a través de un satisfecho recorrido por los diversos senderos de interpretación diseñados para la contemplación y el estudio de la diversidad de flora y fauna presentes en un espacio que abarca unas 120 hectáreas de bosque tropical semi-árido y que bordean uno de los reservorios de agua más importante de la subregión COLM de la región Zuliana.

Parque Ecoturístico *Ojo de Agua El Cardón* y P. Ecoturístico *Refugio de Dantas* (**fuente:** Secretaria de Ambiente, Tierras y Ordenación Territorial del estado Zulia).

Al visitar El PE *Refugio de Dantas*, el turista tendrá la oportunidad de realizar un recorrido en una hora aproximadamente, haciendo paradas en diversas estaciones como "Interpretación de la Vida", "Mirador Paisajístico de Cuencas", "Caño de las Mujeres" y "La

Majumba" (o Ceibote) el árbol que toca el cielo, donde contarán con el acompañamiento de especialistas Ecoguías que les revelarán interesante información sobre la extraordinaria variedad de árboles existentes en la zona, las diversas especies de animales y la importancia de las cuencas hidrográficas.

d) Parque Ecoturístico *Las Cuevas del Samán*, se ubican en la parroquia José Ramón Yépez, del Municipio Jesús Enrique Lossada en el estado Zulia, en el sector llamado Alemania de la Sierra de Perijá, que se encuentra a 1200 metros sobre el nivel del mar (msnm), teniendo como referencia desde la presa el Diluvio 20 km Sierra arriba y desde la ciudad de la Concepción hasta las cuevas una distancia de 45 km. La carretera no es asfaltada, pero está en buenas condiciones. Se deben atravesar 14 pases del rio Socuy. La primera cueva de este sistema se denomina *La Cristalina*, de nombre científico ZU30 y tiene una profundidad de 50 metros en descenso y de largo 5 km, con una temperatura promedio de 12°C y 2 entradas o galerías que son la principal atracción de este Parque Ecoturístico.

Dicho sistema de Cuevas de 18,2 km de galerías conectadas entre sí (véase foto), según consulta a Internet, en la actualidad representa la mayor caverna de Venezuela, seguida de la cueva del Guácharo (Edo Monagas) que tiene solo 9.5 km. Hasta ahora se ha reportado la existencia de unas 92 cavidades adicionales anteriormente desconocidas para la ciencia. En ellas habitan más de cinco (5) mil Guacharos (Steatornis caripensis), también conocidos como aves de las cavernas o pájaros aceitosos.

Estas aves durante su vuelo nocturno fuera de las cuevas, arrancan sus principales alimentos (nueces de palma) con su poderoso pico ganchudo. Mientras vuelan en cavernas oscuras, los guácharos emplean un sistema de orientación por ecos similar al sonar, produciendo "cliqueos" audibles de frecuencia de 7,000 ciclos por segundo. Se pueden oír fácilmente cuando están en vuelo. La cueva El Samán, fue visitada por 1era vez por espeleólogos de la Sociedad Venezolana de Espeleología, en el año 1990.

En 1992 la sumatoria de las galerías de esa caverna superó los 10,2 km de la famosa Cueva del Guácharo del estado Monagas. El trabajo abarcó cuatro (4) años de labores subterráneas, que se distribuyeron en siete (7) expediciones. Este esfuerzo se realizó por medio de un voluntariado en los períodos de vacaciones, sin contar con el apoyo de instituciones oficiales.

En 1994 se consideró que se había cubierto topográficamente casi la totalidad de sus pasadizos y la Sociedad continuó explorando otras importantes localidades subterráneas de la subregión. El recorrido de la cueva es predominantemente horizontal y en algunos sectores se han encontrado niveles superpuestos. Los recorridos pueden ser a través de amplísimas galerías y otras veces se ingresa en complejos laberintos. Uno de los obstáculos que superaron los espeleólogos fueron algunos sifones o conductos inundados por el agua.

Se resalta considerar que el escaso drenaje subterráneo es uno de los riesgos para los exploradores de esta caverna, ya que en temporada de lluvias la boca principal queda sumergida ocasionalmente por el importante caudal del río Socuy. La cueva tiene una gran importancia ecológica, ya que sirve como refugio para una numerosa colonia de guácharos, cuya ave tiene gran importancia para la diversidad botánica de la serranía de Perijá, ya que, por ser animales frugívoros, sirven como dispersores de varias especies de plantas. En el futuro algunas de las cuevas del sector pudieran estar amenazadas por las muchas talas, afectaciones para expandir la acción agrícola de la zona.

e) Parque Ecoturístico *Añú El Guacuco en San Rafael de El Moján*, ubicado en el municipio Mara del estado Zulia. **Los espacios de este** Parque Ecoturístico se encuentran abiertos para los amantes de la naturaleza. El lugar situado en pleno bosque de manglar, frente a la Bahía de Urabá, representa un sitio apto para la recreación de las personas que lo visitan. Dos puentes de madera, habilitados para el recorrido en más de 700 metros para la diversión, se hallan en el interior de un espacio que invita a adultos y pequeños a conocer la flora y fauna del espacio, administrado por el Servicio Autónomo Municipal de Turismo (SAMTUR), adscrito a la Alcaldía Bolivariana de Mara.

Dicho Servicio Autónomo posee programación para aquellos que deseen visitarlo, garantiza actividades culturales, recreativas, deportivas, para el entretenimiento, con el apoyo de las direcciones del gobierno municipal, como Juventud y Deporte, Cultura y Comunicación Estratégica.

f) Parque Ecoturístico *Rutas de Palmarejo*. Esta maravilla ecoturística se halla a tan solo 15 minutos de la ciudad de Maracaibo, después de atravesar el puente sobre El Lago *Rafael Urdaneta*, ubicado en el Municipio Santa Rita, en el cual el Gobierno Regional, acompañado por el Ministerio del Poder Popular para Vivienda, Hábitat y Ecosocialismo (2014), incorpora a sus Espacios para la Vida y la Paz, brindando a los zulianos y foráneos (falconianos), una nueva alternativa para el deporte de aventura, la recreación-esparcimiento. En la preparación de este nuevo destino, se han realizado labores de acondicionamiento, saneamiento, consolidación de áreas de servicio y señalización, proporcionando las condiciones básicas para que el visitante disfrute de una experiencia memorable.

El parque posee entre sus mayores bondades, la gran extensión de bosques xerófilos con imponentes senderos, que hacen del lugar un espacio ideal para realizar ciclismo de montaña y carreras a campo abierto, sin dejar a un lado la hermosa vista **de la Ciudad Maracaibo y** su Lago. También dispone de una gran diversidad de flora y fauna.

Las referidas especiales características lo convierten en una excelente alternativa tanto para el ejercicio físico como para el esparcimiento y recreación, a muy poca distancia de la Ciudad de Maracaibo. Un **área** de relieve irregular, de hondonadas, caminos dificultosos y sorprendentes, de vegetación xerófila bajo un cielo despejado, donde la guacharaca y los pericos se dejan escuchar en ruidosa y alegre armonía, recibe con toda su generosidad a quienes aman la adrenalina y desean vivir una experiencia saludable y de pleno contacto con la naturaleza.

El vehículo por excelencia es la bicicleta de montaña, con la cual se puede realizar un recorrido básico de 23,6 kilómetros, el cual se extiende – si usted lo desea – a 80 kilómetros de pura emoción, entre caminos reales y picas. También está la posibilidad de hacerlo a pie en compañía de un ecoguías: caminata o carrera, son opciones a elegir, quienes deben llevar zapatos de goma y ropa cómoda. En cualquiera de los casos, la hidratación para el camino es algo que no debe faltar.

Desde hace casi tres (3) décadas, quienes hoy día conforman la agrupación de ciclismo de montaña MTB Maracaibo, transitan estos caminos de Palmarejo, descubriendo cada vez nuevas rutas y poniendo a prueba sus habilidades sobre las dos ruedas. Este grupo de emprendedores han logrado congregar cada fin de semana hasta 200 aficionados, que disfrutan de estos parajes y las múltiples opciones que ofrecen. Cuando se les pregunta qué encontraron en este sitio que les ha cautivado de manera que permanezcan fieles durante casi 30 años, señalan que se trata de un lugar que cada vez que se recorre ofrece una experiencia diferente, un reto nuevo cada vez. *"Aquí nos desconectamos de todo, además este es un terreno vivo, cambiante, que la naturaleza va transformando y nos permite redescubrirlo en cada oportunidad".*

Practicar ciclismo de montaña implica reunir ciertas condiciones y en eso son enfáticos los usuarios habituales de las Rutas de Palmarejo: tener dominio en el manejo de la bicicleta, la cual debe ser apropiada para esta práctica a todo-terreno y de alto impacto, ya que de lo contrario se corre con el riesgo de accidentes.

Las Rutas de Palmarejo como espacio para la contemplación, brinda el privilegio de relajarse a la sombra de Cujíes, Laras, Olivos y Acacias, o acercándose a la costa apreciar los manglares y palmeras. En este rincón del Zulia, rico por su biodiversidad, encontraremos a nuestro paso conejos de monte, cachicamos, ardillas, osos palmero, zorros, monos aulladores, que convertirán cualquier fin de semana en una aventura llena de emociones y aprendizaje.

g) Parque Ecoturístico Muda*nza Pedrera*. Está situado en el municipio Valmore Rodríguez, tomando desde Maracaibo la travesía Lara-Zulia vía El Venado, se localiza el aviso que indica la vía al caserío de Zipayare, ahí se cruza a la izquierda y de una vez comienza la aventura de descubrir lo grato de las bellezas escénicas que muestran estos parajes de ensueño.

Después de recorrer unos 10 km contados desde el aviso vía a Zipayare, y donde termina una tubería que acompaña a mano izquierda, se dobla nuevamente a la izquierda y de allí recto hasta la cumbre. Son 10 km más, para un total recorrido de 20 km. Su Geomorfológica es irregular, porque más de la mitad de las 5.000 hectáreas (ha) presentan un paisaje de Colina, cuyas elevaciones no son mayores de 300 msnm con respecto a su nivel base, con superficies que se diferencian en sus formas y grados de pendientes, donde se distinguen las unidades de relieve comunes: Lomas y Colinas.

Dicho parque ecoturístico está preparado para recibir a sus visitantes con su agradable clima. Son 5 mil Hectáreas para la contemplación y el disfrute de andar a caballo. También, son parajes extraordinarios para los trotadores a campo traviesa y para quienes gustan del ciclismo de montaña. Estos espacios fueron declarados en 1974, *Zona Protectora y Reserva Hidráulica* "Burro Negro" con 75 mil ha protegidas, bajo la custodia del Ministerio del Ambiente y de los RNR. La primera parada del parque se llama Los 4 Estados, una cumbre donde se puede apreciar las cordilleras montañosas de Trujillo, Lara, Falcón y la planicie zuliana.

h) Parque Ecoturístico *Cueva de Toromo*, ubicado en el municipio Machiques de Perijá, a 1 km antes de llegar al balneario de Kunana en la sierra de Perijá, a mano derecha se halla un modesto portal y puente de madera que los llevara por un camino en ascenso hasta la sorprendente Cueva de Toromo. Un corto pero intenso recorrido de una cuesta de 300 metros (m) con casi 35° de pendiente en algunos tramos. Ya en la Cueva, se tiene un desarrollo horizontal de 1.120 m y varios laberintos que nos adentran a un mágico lugar, lleno de energía y de espiritualidad ancestral. Es una cueva húmeda con muchos pozos y ojos de buey, algunos con más de 2 m de profundidad.

Además, tiene un pozo bastante grande que se asemeja a un Jacuzzi natural. Existen también en su interior 2 cascadas y una pequeña formación de dunas. Cerca de la entrada hay una fosa de unos 7 m a la cual se accede por medio de un rappel o con una escalera de electrón. En algunos casos hay que nadar. El recorrido es ida y vuelta para un total de un poco más de 2 km. Se observa Pez Bagre Ciego, como fauna endémica de la zona de este ecosistema Cavernícola.

i) Parque Ecoturístico *Geológico Natural Las Piedra*, pertenece al Mcpio Insular Almirante Padilla del estado Zulia capital El Toro en la Isla de Toas, **ubicado** entre la unión del Golfo de Venezuela con el Lago de Maracaibo, incluye una superficie aproximada de 6 km de largo por 1,5 km de ancho (9 km²). Con la creación de este parque, se busca enaltecer el valor científico que tiene este extraordinario paraje, aun cuando toda la isla es en sí misma un aula universitaria de la geología.

Se han definido para este eco-parque unas 9 hectáreas distribuidas en 4 sitios equidistantes, pero con la mayor visibilidad geológica. El Cerro La Piedra y su Corredor o sendero Falla de Oca, donde está esta cátedra abierta y es el epicentro interpretativo del parque, el Cerro El Vigía, el Cerro El Manzanillo y el Cerro El Calvario o La Cruz (véase foto de la entrada de colores verde y naranja).

j) Parque Ecoturístico *Xerofítico Natural Los Yabos*. Se localiza en el Km 11 de la vía que va desde Los Puertos de Altagracia hacia Quisiro en jurisdicción del Municipio Miranda, estado Zulia, patrimonial de la empresa fabricante de sal industrial bajo el método de evaporación solar, conocida *Productora de Sal, C.A.* (PRODUSAL), siendo voluntad privado que se integra a la gestión del ecoturismo que lidera el Ejecutivo Regional (2012-2016).

Su Directiva y su personal de PRODUSAL, han expuesto interés en poder lograr el desarrollo de sus actividades en armonía con su entorno ambiental y una prueba de ello es la creación de un hermoso **jardín xerofítico natural con nombre propio:** *Los Yabos*. La idea avanzo debido a que en la zona sur y este de la Ciénaga de Los Olivitos (quien es su gran vecino verde), existen bosques xerofíticos bajos, con presencia de matorrales y espinales; constituidos por comunidades vegetales arbustivas y arbóreas con una alta densidad de especies armadas, mezcladas con especies herbáceas y cactáceas de diversos tamaños, siendo las especies más frecuentes y representativas las presentadas en el cuadro 2.

Cuadro 2: Listado de especies arbóreas, arbustivas, sufrútices y herbáceas avistadas en el Parque Ecoturístico Xerofítico Natural Los Yabos

Nombre Común	Nombre científico	Familia
Fique o sisal	Agave sisalana	Amaryilidadeae
Cují yaque	*Prosopis juliflora*	Leg. Mimosaceae
Úbeda	Acacia tortuosa	
Yacure o guamúchil	*Pithecelobium dulce*	
Yabo (común en el área)	*Cercidium praecox*	Leg. Caesalpin-aceae
Dividivi	*Caesalpinia coriaria*	
Lefaria o Pitahaya	*Stenocereus griseus*	Cactaceae
Tuna de cabra	Opuntia *caracasana*	
Guasábara	Cylindropunti acari-baea	
Cardón Dato	*Cereus hexagonus*	
Buche (cactus enano)	*Melocactus curvispinus*	
Guamache o Supi	*Pereskia guamacho*	
Cardón Pitahaya	*Acanthocereus tetragonus*	
Carcanapire	*Crotom rhamnifolius*	Euforbiacea
Campanilla	*Ipomea carnea*	Convolvulaceae
Sábila	Aloe humilis / vera	Liliaceae
Olivo negro	*Capparis olivo*	Capparidaceae

Fuente: Elaboración propia, en base a datos obtenidos de la descripción del Parque Ecoturístico en estudio. Maracaibo, agosto de 2023.

Este tipo de vegetación xerófila representa un factor importante en la conservación del suelo, ya que detiene los procesos erosivos y es un control para el proceso de desertificación de las zonas costeras; por otra parte, constituye fuente primaria de alimento y protección para la fauna silvestre que se refugia en ellos, a la par que el bosque o matorral se constituye en sumidero de carbono y en proveer oxígeno.

El objetivo de esta iniciativa es promover el conocimiento y la valoración de los bosques xerofíticos, de allí que es de suma importancia para su conservación contar con una porción representativa de los mismos, con facilidades para su observación y estudio a través de visitas guiadas, constituyendo un laboratorio natural y un recurso invaluable para tal finalidad, siendo a la vez un aporte dentro del marco de la responsabilidad social de la empresa antes mencionada, como un esfuerzo del sector privado que se integra al Sistema de Ecoparques que ha promovido el Gobierno Regional en el Estado Zulia.

El propósito principal del Ecoparque en mención, es servir como un medio natural a campo abierto para hacer valer el conocimiento de las zonas xerófilas locales y para proteger parte de la vegetación especial de los remanentes de bosques muy secos tropicales (Bms-T) según la clasificación de zonas de vida del mundo ecológico del Dr. Leslie Holdridge; así mismo:

• Conservar la biodiversidad, las especies endémicas, entre otras especies que se han adaptado muy bien a las condiciones ecológicas extremas.

• Contribuir con la mitigación del cambio climático global, cuyo resto de bosque se constituye en sumideros del CO_2 emanado en la zona.

• Ayudar en la lucha contra los procesos de desertificación y erosión del suelo.

• Proporcionar alimentos y la protección de la fauna silvestre que allí vive.

Facilidades encontradas en el parque ecoturístico *Xerofítico Natural Los Yabos*:

Posee dos (2) edificaciones tipo bohío (véase fotografía), una que sirve como recepción de visitas, ocupando un área aproximada de 99 m²; equipada con
baños para ambos sexos. El segundo bohío (interno
en el bosque), tiene como propósito básico, servir de
espacio base para el dictado de charlas sobre la biota
existente en la zona del "Jardín xerofítico natural", así
como sobre normas y procedimientos a seguir para
visitas guiadas de observación y estudio, lo cual incluye medidas sobre conservación del área en particular.

k) Parque Ecoturístico *El 40*. Ubicado en el municipio Baralt del estado Zulia: un tesoro natural entre praderas, ríos y montañas. Dentro de la visión de los Espacios para la Vida y la Paz, como estrategia del Gobierno Regional, está dispuesto para la protección de áreas naturales y estimular el ecoturismo en la región zuliana, en particular la COLM, hoy exhibe una de las bellezas naturales más singulares de esa subregión: El Parque Ecoturístico "El 40", con unas 4 mil hectáreas que hacen límite con el cerro "Las Dos Tetas" y frontera con el estado Lara. Un paraje para los amantes del ciclismo de montaña, trote a campo traviesa, actividades equinas o simplemente disfrutar en familia, de una de sus mayores bondades, los lazos o meandros del Rio 40 (véase foto) y la cascada de Campo Lindo.

l) Parque Ecoturístico *Flamencos de Helímenes Perozo* (RFS y Reserva de Pesca *Ciénaga Los Olivitos*). La Fundación Ecoparques del Zulia, dedicada a la Educación y Conservación Ambiental para el Ecoturismo, describe al Ecoparque «Los Flamencos de Helímenes Perozo», que tiene la responsabilidad dentro del Refugio de Fauna Silvestre "Ciénaga de Los Olivitos", de proteger las 6 mil hectáreas de bosques de manglar rojo y negro que están presentes en este importante ecosistema. «Los Olivitos», en acuerdo entre el Gobierno Regional y el Ministerio del Poder Popular para el Ambiente (MINAMB), fue incorporado en el año 2014 como un nuevo destino turístico de acceso supervisado para todo público e integrado al Sistema de Ecoparques del Estado Zulia.

El Ecoparque «Los Flamencos de Helímenes Perozo», constituye cátedras abiertas naturales, que significan esos majestuosos y centenarios manglares.

Helímenes Perozo, fue trabajador del MINAMB, quien en vida fue un modelaje por su abnegación, carisma y defensa de los flamencos, fue la inspiración para crear y colocarle su nombre al Ecoparque (véase foto). Fue un ambientalista que nació el 15 de julio de 1948 en la población de Ancón de Iturre, Municipio Miranda, Estado Zulia, en el seno de una familia de pescadores, faena que desempeñó de forma artesanal desde pequeño y fue su principal modo de vida hasta el año 1992, cuando se incorpora al MINAMB, ejerciendo la función de Guardafauna del Refugio de Fauna Silvestre y Reserva de Pesca Ciénaga de los Olivitos.

m) Parque Ecoturístico *Cerro Los Vientos*. En la frontera de los estados Zulia y Falcón, se localiza un paisaje que contrasta en cuanto a una amplia planicie y la presencia de lomas alineadas. Este relieve se ubica geográficamente en el municipio Miranda y a 52 kilómetros aproximadamente de la ciudad de Maracaibo. En el Parque Ecoturístico *Geológico Cerro Los Vientos*, existen puntos indicados de carácter científico y turístico, teniendo como partida el pie del cerro, luego se inicia el recorrido a través de su sendero de interpretación que culmina en la cúspide rocosa para finalmente descender por la ladera hasta el valle. Las cretas y flancos rocosos, son restos de un antiguo fondo marino levantado por la fuerza de los plegamientos, sometidos en la actualidad a la incesante erosión de los agentes meteóricos (lluvia, sol, viento, entre otros). La vegetación emerge entre las rocas, atrapa el agua y cobija la fauna.

n) Parque Ecoturístico *Caída de Agua Río Cogollo*, ubicado en la parte Nor-Oeste de la Hda Montellano donde tiene sus operaciones Cementos Catatumbo, C.A. (CECAT), en el sector La Luna, parroquia El Rosario del municipio Rosario de Perijá del Edo Zulia, donde se avista una caída libre de agua de 291 m, ubicándolo entre los saltos más importante del país y el de mayor altura en el occidente venezolano.

ñ) Parque Ecoturístico *Pararú*. Ubicado a tan solo 15 minutos de Paraguaipoa, la ciudad frente al mar del Municipio Guajira, se avista al Parque Ecoturístico *Pararú*, con 1280 ha de paisajes de montaña, desiertos, dunas, lagunas de agua dulce y salada, cementerios de los ancestros aborígenes y playas del Golfo de Venezuela. Un destino turístico que nos llena de orgullo presentarle a los zulianos al país, al mundo Colombiano y otros. Es el décimo quinto Ecoparque que entrega el Gobierno Regional del Cnel. Francisco Arias Cárdenas (2014-2016), en conjunto con la Alcaldía de la Guajira, dando así un paso firme en el desarrollo del turismo regional. El parque Pararú, está lleno de contrastes naturales y colores. El gran parque del Municipio Guajira.

o) Parque Ecoturístico *Médanos de Mara*. Uno de los grandes sueños de los turistas que son aventureros es el de ir al desierto y extasiarse al ver como su inmensidad se pierde en el horizonte. Aunque pareciera que estos parajes se encuentran en exóticos y lejanos países, estas experiencias de igual forma se pueden disfrutar aquí en el Zulia, región rica en diversidad de paisajes naturales. El Parque Ecoturístico *Médanos de Mara*, es un desierto de 138 hectáreas, de arenas doradas, finas y ásperas al tacto, que invitan a recorrerlas. Una opción para la recreación en familia, de muy fácil acceso, ya que se encuentra a 41 Km de Maracaibo y a 30 kilómetros de Colombia, en las afueras de San Rafael de El Moján.

p) Parque Ecoturístico *Caño La Maroma*. Se enlaza con importantes proyectos para el desarrollo económico de la región Zuliana, como la construcción del Puerto La Maroma y la consolidación de la Barco-Pista del Lago de Maracaibo para el transporte de pasajeros y el intercambio comercial entre todos los puertos del estado Zulia. Sitio de navegación como actividad no solo pesquera, sino para acometer el traslado de pasajeros, de mercancías y conexión de los espacios - tal como solía hacerse en otrora-, fue el caño La Maroma, en el Mcpio Colón.

q) Parque Ecoturístico *Caño Paijana*. La recuperación de la Terminal Fluvial El Trompo (véase foto), a orillas del Río Limón, está junto a la declaratoria como *Ecoparques* de los Caños *Paijana*, La Tigra y La Enea, los cuales forman parte del compromiso del Gobierno Regional para garantizar el resguardo de áreas de alto valor por su biodiversidad e indiscutible belleza escénica, brindando un impulso a la actividad turística con responsabilidad ambiental. Bajo este criterio la gestión del Gobernador Francisco Arias Cárdenas (2012-2016) trabaja en estrecha alianza con el Gobierno Nacional y las alcaldías de Mara y Guajira. Entre las novedades se encuentra el Parque Ecoturístico *Caño Paijana*, en el municipio Guajira, y sus 4 mil ha de verdes y exuberantes manglares donde conviven los monos araguatos, garzas, gavilanes, mapaches, águilas, caimanes, babillas, entre otras especies de flora y fauna.

r) Parque Ecoturístico *Caño La Tigra*. También desde El Parador El Trompo se coordina la visita al Ecoparque Caño La Tigra, perteneciente al municipio Mara, donde en 500 hectáreas, la práctica del Kayak, Canoa y Cayuco brinda la posibilidad de disfrutar de encantadoras vistas de la costa, y presenciar especies de flora y fauna, que constituyen parte de la rica biodiversidad de la zona.

s) Parque Ecoturístico *Totumena*. A solo 40 minutos de un tranquilo recorrido a pie, por un sendero que exalta bellezas naturales y guiadas por el suave sonido del movimiento de las aguas del Río Apón, se avista la *piedra Totumena*. En ella se preserva la comunicación ancestral de los yukpas, representada en petroglifos. Estos diseños simbólicos grabados, fueron realizados desgastando su capa superficial. TO-TUMENA, es considerada la capsula del tiempo de la cultura Yukpa.

t) Parque Ecoturístico *Acantilados Cacique Nigale*. A tan solo 20 minutos de la ciudad de Maracaibo, vía sector La Rosita (hacia las playas), en el Municipio Mara del Estado Zulia, se avista el *Parque Cuaternario del Zulia*: Acantilados Cacique Nigale, paraje excepcional de 15 hectáreas de pequeños taludes verticales de 20 a 30 metros de altura. El Ecoturista es guiados de la mano de los Ecoguías, descubriendo y aprendiendo, desde la perspectiva geológica, el extraordinario valor de la «Formación Milagro», extendida hasta ese paraje.

El visitante disfrutará de fotogénicas vistas, tanto de los paisajes rocosos como de las siluetas perfectas en la lejanía de Isla de Toas y de Los Próceres, uno de los Islotes Los Bajos. También podrán apreciar una vegetación predominantemente xerófila, con una fauna conformada por abundante especies de reptiles, insectos y otras, entre los cuales se destacan especies de la avifauna.

A continuación, en el **Cuadro 3**, se especifica el catálogo del patrimonio de Áreas Protegidas promulgadas con que cuenta la región Zuliana, en cuyo cuadro se recopila la información por categorías protegidas y de uso especial, su ubicación y las características resaltantes relacionadas con cada decreto: número, fecha de promulgación y superficie incluida, así como el objetivo de su creación.

Cuadro 3: Inventario de las Áreas Protegidas localizadas en el Estado Zulia

Área Bajo Régimen de Administración Especial	UBICACIÓN	DECRETO, Fecha y ha	OBJETIVO DE LA PROMULGACIÓN
1.- PARQUES NACIONALES:			
1.1.- Sierra de Perijá Según decreto solo se denomina PN Perijá	Subregiones Sur del Lago de Maracaibo y Perijá: Municipio Jesús María Semprún y lado oeste de los municipios Machiques y Rosario de Perijá, frontera con Colombia.	No 2.983 12-12-1978 295.288 ha	Desarrollar de manera sustentable las grandes potencialidades del Ecosistema Sierra de Perijá: hídricas, turísticas, mineras, étnicas, ecológicas por su biodiversidad y *pulmón vegetal*, variados paisajes, definidos pisos altitudinales, microclimas presentes y diferentes Zonas de Vida (Bs-T, B. Montano y Paramo).
1.2.- Ciénagas de Juan Manuel (En esta ABRAE se origina el Relámpago del Catatumbo).	Sub-región Sur del Lago de Mcbo: Municipios Jesús María Semprún y Catatumbo (lado oeste).	1.631 06-05-1991 250.000 ha	Desarrollar programas de investigación para asegurar la preservación del hábitat y las poblaciones de las especies presentes en el ecosistema ciénaga y los paisajes escénicos que lo constituyen.
2.- REFUGIO DE FAUNA SILVESTRE Y RESERVA DE PESCA			
2.1.- Ciénagas de Los Olivitos	Subregiones COLM y Guajira: norte del municipio Miranda y Noroeste del municipio Insular Almirante Padilla.	No 1.363 20-11-1986 24.205 ha	Garantizar la protección, conservación y propagación de la fauna silvestre: las amenazadas, en vías de extinción residentes o migratorias, la protección de los paisajes de bellezas escénicas presentes: marinas y continentales; los criaderos naturales de peces, crustáceos y moluscos.
3. ZONA PROTECTORA (ZP):			
3.1.- Núcleo Fronterizo, ZP de Suelos, Bosques y Aguas y de Población "San Rafael del Guasare"	Subregiones Guajira y Planicie de M: Serranía de Montes de Oca, oeste del Municipio Mara y Noroeste del Municipio Jesús Enrique Lossada.	1.444 26-10-1978 302.000 ha	Asegurar los altos intereses de la Defensa y Seguridad Nacional, la conservación de los recursos naturales para garantizar el abastecimiento de agua y lograr un poblamiento y desarrollo armónico o sustentable.
3.2.- Región Lago de Maracaibo, Piedemonte de la Sierra de Perijá Polígono 1 y Polígono 2	Subregión Perijá: Municipios Machiques y Rosario de Perijá.	105 26-05-1974 42.125 ha 212.000 ha	Proteger el ecosistema natural S de P, del avance de la expansión de la frontera agropecuaria, proteger el contorno de manantiales y nacientes de las corrientes de agua que emanan del ecosistema sierra de Perijá.

3.3.- Cuenca Alta de los Ríos Matícora y Cocuiza	Subregión COLM: Serranía de Ziruma al este de los municipios Miranda y Cabimas (Zulia) y sur-este del Mcpio Mene Mauroa, Edo Falcón.	105 26-05-1974. 282.000 ha	Conservar los recursos suelo, bosques y aguas, a los fines de garantizar suministro de agua potable a los centros poblados adyacentes y sistema de riego a cultivos en sus alrededores.
3.4.- Piedemonte de la Cordillera Andina y Serranía Misoa - Trujillo	Subregión COLM: Oeste del Municipio Baralt, límite con los estados Lara y Trujillo	1.168 20-10-1990 318.787 ha	Proteger los RN de paisajes de montañas y bordes inclinados de mesetas, la gran diversidad de especies de flora y fauna silvestre.
3.5.- Área Metropolitana de Maracaibo	Planicie de Maracaibo: oeste de los Mcpio Mcbo y San Fco, sur-este del Mcpio Mara y sur-oeste Mcpio Cañada de Urdaneta.	1.059 02-04-1986 20.800 ha	Determinar los linderos hasta donde debe alcanzar el crecimiento anárquico de las ciudades de Maracaibo y San Francisco, para facilitar la prestación de los servicios públicos a futuro.
3.6.- Zona Protectora y Reserva Hidráulica "Burro Negro" (Reserva de Agua según la Ley Orgánica de Gestión para la Ordenación del Territorio, no vigente).	Subregión COLM: Este del Municipio Lagunillas. La Z.P. incluye a la subcuenca del Río Machango en la parte del Municipio Lagunillas. ABRAE Administrada por MINEC	514 05-11-1974 75.000 ha	Proteger ríos que confluyen al embalse de agua Burro Negro, del avance de las deforestaciones y explotaciones forestales, con fines agropecuarios, para aprovechar los productos forestales, en orden. INPARQUES también maneja El Parque de Recreación a Campo Abierto o de Uso Intensivo.
4.- RESERVA HIDRÁULICA			
4.1.- Burro Negro	Subregión COLM: Este del Municipio Lagunillas.	514 05-11-1974 75.000 ha	Este embalse es la fuente principal de abastecimiento de agua potable a algunos centros poblados de la COLM: Cabimas, Ciudad Ojeda y Santa Rita
4.2.- Sur del Lago de Maracaibo	Subregión Sur del Lago de Maracaibo: Municipios Colón, Catatumbo y Francisco Javier Pulgar.	557 19-11-1974 880.000 ha	Proteger ríos de la subregión, caracterizada por caudalosos ríos y paisajes escénicos: Catatumbo, Bravo, Tarra, Sta. Ana, Onía, Chama, Escalante.

5.- RESERVA DE FAUNA SILVESTRE			
5.1.- Ciénagas de Juan Manuel, Aguas Blancas y Aguas Negras	Subregión Sur del Lago de Mara-caibo:: Municipio Catatumbo.	1.345 16-12-1975 227.795 ha	Proteger la fauna silvestre de carácter cinegético o no, en peligro de extinción como el Manatí y Caimán de la Costa. También existen: babilla, iguana verde, lapa, báquiro, careto, entre otros, así como de especies ícticas de valor comercial y deportivo.
5.2.- Ciénaga La Palmita e Isla de Pájaro	Subregión COLM: Municipios Santa Rita y Miranda.	730 09-03-2000 2.525,85 ha	Conservar el hábitat de especies de aves, sitio de anidación y de reproducción de interés cinegético, las amenazadas y en peligro de extinción.
6.- ÁREA BOSCOSA BAJO PROTECCIÓN			
6.1.- Área 32: Río Tocuco 6.2.- Área 33: Río Aricuaiza 6.3.- Área 34: Río Tarra 6.4.- Área 35: Santa Rosa	Subregión Sur del Lago de Maracaibo: Municipio Colón, lado Oeste de la Subregión	No 1.662 05-06-1991 31.665 ha 15.114 ha 59.915 ha 99.264 ha	Conservar el patrimonio forestal que aún existe en el Estado Zulia, destinado a la producción permanente de productos forestales, así como proteger los restantes recursos que conforman la madre naturaleza, sobre todo en aquellos sitios donde se evidencia usos y ocupaciones anárquicas del espacio geográfico, en detrimento del sotobosque y los bosques principalmente.
7.- ZONA DE APROVECHAMIENTO AGRÍCOLA ESPECIAL			
Santa Cruz de Mara	Subregión Guajira y Planicie de Maracaibo: Municipio Mara y Noroeste del Mcpio Mcbo	977 / 19-02-1981 11.042 ha	Preservar la capacidad agrologica de los suelos, para garantizar el desarrollo agrícola integral sustentable que requiere la región Zuliana.
8.- ÁREA CRÍTICA CON PRIORIDAD DE TRATAMIENTO (o área de protección y recuperación ambiental)			
8.1.- Tramo de la Cuenca Alta y Media del Río Machango	Subregión COLM: Este de los Municipios Lagunillas y Valmore Rodríguez.	No 978 19-02-1981 59.400 ha	Proteger la subcuenca hidrográfica de la intervención humana, para evitar los procesos erosivos llevados a cabo en esos tramos del río, a los fines de aumentar la vida útil de la presa una vez que se controle la sedimentación hacia el embalse de agua que suministra agua a la COLM. Además de frenar el deterioro de la Cuenca del Lago de Maracaibo.
8.2.- Proyecto de Obras de Control de Inundaciones y Drenajes de la Zona Sur del Lago. Cota 2	Subregión Sur del Lago de Maracaibo: Municipios Colón (Santa Bárbara del Zulia) y Catatumbo.	827 30-10-80 140.205 ha	Controlar las inundaciones en la zona, mediante la construcción de Medidas de Ingeniería Ambiental con obras técnicas estructurales y disipadores de energía hídrica, que garanticen el drenaje de las aguas de lluvia: canales, muros y diques.

9.- PUERTO DE AGUAS PROFUNDAS (Costas marinas de aguas profundas)			
9.1.- Puerto América	Subregión Guajira: Municipio Insular Almirante Padilla.	No 462 21-11-1999 26.338,32 ha	Frenar los procesos de salinización del Lago de Maracaibo, causado por la apertura y mantenimiento del canal de navegación, para facilitar la entrada de grandes embarcaciones o buques cargueros de carbón mineral e hidrocarburos principalmente.
10.- ZONA DE SEGURIDAD FRONTERIZA			
10.1.- Frontera con Colombia	Subregiones Sur del Lago de Maracaibo, Perijá y Guajira: Municipios Catatumbo, Machiques, Rosario de Perijá y Páez. Ancho de la franja: Máxima: 100,7 km / Mínimo: 3,3	No 3.340 20-01-01	Regula y controla la presencia y actividades de personas nacionales y extranjeras, que puedan presentar potenciales amenazas a la integridad territorial de la nación: guerrilla, paramilitares, narcotráfico, contrabando, abigeato y secuestros.
11.- ZONA DE SEGURIDAD			
11.1.- Complejo Petroquímico El Tablazo (Pequiven)	Subregión COLM: Municipio Miranda	No 139 20-04-94	Garantizar la protección de las instalaciones, las personas, bienes y actividades desarrolladas, ante peligros o amenazas internas o externas, conforme lo establecido en la ley que regula la materia.
11.2.- Complejo Siderúrgico del Zulia (Puerto de CORPOZULIA)	Subregión Planicie de Maracaibo: Municipios San Francisco y Urdaneta	1.765	Similar caso de 11.1.-
11.3.- Complejo Refinería Bajo Grande	Subregión Planicie de Maracaibo: Municipio San Francisco.		Similar caso de 11.1.-
12.- ZONA DE RESERVA PARA LA CONSTRUCCIÓN DEL EMBALSE EL DILUVIO - EL PALMAR			
Hoy día se denomina **Embalse Los Tres Ríos** Inaugurado el 6/11/2006	Subregiones Planicie de Maracaibo y Perijá: Zona Limítrofe entre los Municipios Jesús Enrique Lossada y Rosario de Perijá.	1.174 16-09-1975 4.734 ha	Garantiza agua potable de los ríos Palmar, Lajas y Caño e Pescado para los municipios: Maracaibo, San Francisco y Cañada de Urdaneta, y sistema de riego de la planicie de Maracaibo para unas 20 mil ha.

13.- ÁREA DE PROTECCIÓN DE OBRAS PÚBLICAS (APOP).			
13.1.- Sistema de Aducción Maracaibo - El Tablazo	Subregiones Planicie de Maracaibo y COLM: Municipios Maracaibo-Miranda del estado Zulia	1543 18/04/1991	Garantiza el suministro de agua para el Complejo Petroquímico *Ana María Campos*
14.- PARQUE METROPOLITANO "LAS PEONÍAS".			
Decreto Ejecutivo de ámbito Regional **asociado a Zona de Interés Turístico.**	Subregión Planicie de Maracaibo: Norte de la ciudad de Maracaibo, municipios: Maracaibo, sector Salina Rica	69 12-06-63 2.000 ha	Garantiza áreas adecuadas para la recreación y el esparcimiento, tanto de lugareños como foráneos que visitan el parque con atractivos ecoturísticos.
15.- PARQUE DE RECREACIÓN A CAMPO ABIERTO O DE USO INTENSIVO			
15.1.- Jesús Enrique Losada (hoy día Ramón Valbuena).	Subregión Perijá:: Municipio Rosario de Perijá	6/11/1992 40 ha	Garantizan en ambos Mcpio áreas adecuadas para la recreación y el esparcimiento, tanto de lugareños como foráneos que visitan los parques con elevados atractivos ecoturísticos.
15.2.- Burro Negro	COLM: Este del Municipio Lagunillas.		

Fuente: Elaboración propia, en base a información obtenida del Plan de Ordenamiento del Territorio de la Región Zuliana, Decretos de cada ABRAE publicada en Gaceta Oficial, Referencias Bibliográficas, INPARQUES, Funcionarios del MINEC-Zulia e Internet. Maracaibo, marzo de 2022.

Continuando con las áreas protegidas de interés ecoturístico en el estado Zulia, solo hace falta que el Ejecutivo Regional y Local (Alcaldías), así como la empresa privada, promuevan estos atrayentes lugares, e inviertan y amplíen instalaciones e infraestructuras adecuadas, para darle al eco turista: confort, paz y tranquilidad; donde le permita poner en práctica mecanismos de acción, no simplemente para recrearse, estudiar e investigar, sino que al mismo tiempo practiquen medidas de conservación, resguardo y restauración de los ecosistemas que están siendo visitados y sus componentes que lo integran: agua, suelo, aire, vegetación, fauna silvestre y paisaje natural, conservando así la elevada belleza escénica existente.

Entre las áreas naturales protegidas y de uso especial con enaltecidos atractivos turísticos que posee la región Zuliana, tenemos las siguientes:

4.1.- Parques Nacionales

La región zuliana que es la única en el país que coincide con el territorio de su estado, posee dos (2) Áreas Naturales Protegidas declaradas como Parques Nacionales, de gran valor en cuanto a su biodiversidad y belleza escénica, dado a sus paisajes de grandes atractivos naturales y por la importancia nacional y local que reviste la flora y la fauna silvestre que en ellos se encuentran destinados, con interés especial para la ciencia, la educación, la recreación y el turismo, donde están limitadas las actividades humanas, contando con un estatus de protección legal. Los PN existentes en el Zulia son enumerados a continuación:

4.1.1.- Parque Nacional "Sierra de Perijá" (según decreto solo PN Perijá)

La Sierra de Perijá en todo su esplendor, es uno de los mega-ecosistemas de mayor importancia para el país y para la región zuliana, conformado por un amplio sistema montañoso integrado por la Sierra de Motilones (Sección Meridional), Sierra de Valledupar y Perijá (Sección Central) y Serranía de los Montes de Oca (Sección Septentrional). El ecosistema cubre cerca de un millón de hectáreas (1.000.000 ha), localizada a lo largo de la frontera occidental con el hermano país colombiano, ocupando un área que se extiende desde Río de Oro en el Mcpio Catatumbo, tregua los municipios Machiques y Rosario de Perijá, hasta los Montes de Oca en territorio del Municipio Páez, cuyo municipios pertenecen al Edo Zulia, considerada por muchos autores como el 2do "pulmón" natural del mundo (véase foto, Imagen de un paisaje hermoso dentro del PN Sierra de Perijá (Tomado de Internet).

Sin embargo, el *Decreto Ejecutivo No. 2.983 de fecha 12-12-1978,* que promulga una parte de la Sierra de Perijá como Parque Nacional, excluye gran porción de ese ecosistema natural, cubriendo solamente una extensión de 295.288 ha. Dicha ABRAE se forma en un área ubicada al occidente del Municipio Machiques y de Rosario de Perijá, además comprende también la porción noroeste del Municipio Catatumbo. La superficie está repartida en zonas de piedemonte, zonas de valle, zonas de cumbres medias y de altas montañas, las cuales conforman paisajes de grandes atractivos turísticos, los cuales están salvaguardados con el *Plan de Ordenamiento y Reglamento de Uso* (PORU) N° 671 de fecha 10/05/1995 publicado en la G.O. N° 4899 (Extraordinaria) de fecha 19/05/1995.

Por su parte, la vegetación está conformada por bosques ombrófilos basimontanos semidesiduos (selva lluviosa tropical montano con fuertes pendientes y 3 estratos distinguibles), situados entre los 100 - 300 msnm, caracterizados por ser densos con alturas que varían de media a alta y numerosas lianas. A partir de los 800 y hasta los 2.500 msnm se sitúan los bosques ombrófilos submontanos y montanos siempre verdes, los cuales son comunidades densas de altura media a alta que en su aspecto varían desde bosques siempre verdes submontanos hasta selvas nubladas montanas ricas en palmas, helechos arborescentes y epífitas.

Del mismo modo se presentan especies endémicas como Chimarrhis perijaensis y Psychhotria perijaensis entre otras. Los páramos se extienden desde los 2.800 msnm, constituyendo comunidades formadas por plantas herbáceas y arbustivas de 1 a 3 m. de alto, algunas con el hábito de roseta arborescente (Frailejón) y numerosas especies endémicas como Espeletia perijaensis, Espeletia tillettii

Constituye este Parque Nacional, una de las áreas con mayores atractivos a nivel nacional y regional, así como una zona con mayor particularidad en la exhibición de representantes de especies de flora y fauna silvestre e incluso de carácter endémica, como la exclusiva del piedemonte sierra de Perijá colombo-venezolana, ejemplo la especie forestal de Carreto (Aspidosperma polyneuron), que se amplía solo hasta el municipio Rosario de Perijá en las adyacencias del rio Cogollo, que desemboca en el rio Apón y este a su vez en el Lago de Maracaibo.

Tales bellezas escénicas, que junto al resto de elementos naturales, como: la existencia de grandes rocas, cuevas, cascadas, variedad climática, numerosos, caudalosos y bellos ríos, definidos pisos latitudinales y montañas, valles, frescos vientos, área poco intervenida y ausente de ruido y perturbaciones humanas, que hacen del lugar un gran atractivo para actividades eco turísticas.

Igualmente, ofrece vías de comunicación accesibles: Guanani, El Tocuco, San José de Los Altos, El Diluvio, u otros, bien situadas en la periferia del Parque Nacional Sierra de Perijá, configurado uno de los lugares de la región Zuliana privilegiados para garantizar el desarrollo de la actividad de ecoturismo. Aunado a lo anterior, la Sierra de Perijá es una de las fuentes de agua más importantes para el país, ya que constituye la garantía de que el Lago de Maracaibo sea calificado el reservorio de agua dulce más grande del mundo y de mantener el equilibrio de la fauna y la flora que se encuentra en ese ecosistema lacustre, rodeado de bellezas escénicas y de atractivas islas que "florecen" de sus "entrañas".

En conclusión, esta ABRAE posee las siguientes potencialidades de recursos: hídricas, turísticas, ecológicas por su biodiversidad y como 2do "pulmón" natural, mineras, forestales, étnicas, entre otras, donde el piedemonte cuenta con grandes recursos económicos entre los que se destacan la actividad ganadera y agrícola y grandes reservas de yacimiento de minerales no metálicos como la roca caliza.

4.1.2.- Parque Nacional "Ciénagas de Juan Manuel"

Inicialmente, este ecosistema fue creado bajo la figura de Reserva de Fauna Silvestre con Decreto Ejecutivo No 1.345 de fecha 16-12-1975, abarcando una superficie de 227.795 ha, con el propósito de proteger y conservar las especies de fauna silvestre como el Manatí en vías de extinción.

Luego, dieciséis (16) años más tarde: 06-05-1991, el Ejecutivo Nacional lo declara Parque Nacional a través del Decreto No 1.631, desafectando áreas intervenidas, ocupadas por las unidades de producción agropecuaria y anexando otras áreas naturales que conforman el ecosistema de ciénaga, para un total de 250.000 ha protegidas como Parque Nacional, que involucra atractivos turísticos como el Congo Mirador, que están constituidos por Palafitos que conforman un Pueblo de Agua al Sur del Lago de Maracaibo (Véase foto), desde donde se observa el Relámpago de Catatumbo.

El mencionado Parque Nacional pertenece a los Municipios Jesús María Semprún y Catatumbo del

Estado Zulia, parte limitado al sur-este del Mcpio Machiques de Perijá. El autor del presente libro ha observado dentro de este polígono protegido el Relámpago del Catatumbo, visto en la imagen panorámica de la portada.

Según investigaciones, el fenómeno natural se debe al intercambio producido por el gas Metano emanado de explotaciones petroleras cercanas y de la ciénaga, como resultado de los procesos continuos de la descomposición de las plantas acuáticas, cuyo gas tiene elevado carácter pirotécnico, el cual al interactuar con las cuantiosas nubes cargadas de agua que pasan frecuentemente por el lugar, al chocar con el frente orográfico de la Sierra de Perijá, junto a la colisión de vientos alisios calientes que vienen por el cañón del Lago de Maracaibo y fríos derivados de los Andes Merideños (Páramo de la Culata) y la Sierra de Perijá, dando origen a las descargas eléctricas de los rayos continuos del llamado Relámpago del Catatumbo, quien es considerado un único emblema de la región zuliana para Venezuela y el mundo (**Fuente:** resultante de disertaciones en conversatorios).

4.2.- Refugio de Fauna Silvestre y Reserva de Pesca
La región Zuliana cuenta en la actualidad con un solo representante de esta ABRAE, que previo estudio científico, fue estimada necesaria su creación para la protección, conservación y propagación de animales silvestres y acuáticos, ya sean residentes o migratorios, pero sobre todo los de carácter endémicos.

4.2.1.- Ciénaga de los Olivitos

Área Natural Protegida localizada en el sector Los Olivos, Mcpio Miranda en la Costa Oriental del Lago de Maracaibo, donde se reúnen una gran variedad de aves playeras o de carácter acuáticas, como: gaviotas, garzas, corocoras rojas, pato azul, Flamingo canadiense (migratoria) y bandadas de palomitas, además: tortuga marina, manatí, caimán de la costa.

Dicho refugio, que es representantes de la fauna silvestre (véase foto de Internet de Michael Núñez Quintero, Ciénaga de los Olivitos), tiene la presencia de Flamencos Rosados, con paisajes de elevados atractivos turísticos, constituyéndose en un gran atractivo turístico y recreacional, motivo por el cual debe ser considerado para ser promovido en el avance de actividades relacionadas con el ecoturismo. Ejemplo: Avistamiento de especies de Avifauna, Paseos en lanchas y submarinismo.

La indicada ABRAE fue creada por el Ejecutivo Nacional con Decreto No 1.363 de fecha 03-12-1986, abarcando un área de 24.205 ha, conformadas por ciénaga, canales que penetran del Lago de Maracaibo, manglares y parte continental firme, afectada esta última área - en parte - por una empresa explotadora de sal común con fines comerciales, PRODUSAL, incluye una de las más recientes y modernas plantas salinas por evaporación solar del mundo, que es digna de ser visitada.

El decreto inicial tuvo reformas de linderos establecidos según Decreto No 1.656 de fecha 05/06/1991, publicada en Gaceta Oficial No 34.819 del 14-10-1991, manejada según Plan de Ordenamiento y Reglamento de Uso bajo Decreto 1.194 de fecha 06-02-2001, publicada en la Gaceta Oficial No 37.141 del 15-02-2001.

El objetivo principal de su creación es garantizar la protección, conservación y propagación de los mencionados animales silvestres, principalmente de aquellas especies amenazadas y en peligro de extinción, ya sean residentes o migratorias, además de los criaderos naturales de peces, crustáceos y moluscos, así como la protección de las bellezas escénicas de los paisajes presentes, para lo cual se debe mejorar instalaciones adecuadas para la recreación y turismo, así como para la investigación científica sobre la fauna silvestre y acuática.

4.3.- Zonas Protectoras

Su justificación en el marco de las ABRAE's, se deriva del conocimiento científico sobre interacciones e interdependencia de componentes ambientales: bosques, suelos y aguas, a los cuales hay que añadir la fauna silvestre y acuática, creadas con la finalidad de darles protección integral, las cuales podrían ser utilizadas para desarrollar prácticas eco turísticas en aquellos espacios geográficos naturales que así lo permitan, dado a la belleza escénica que irradian ecosistemas y paisajes naturales que las conforman.

Las figuras legales bajo protección, creadas en el Estado Zulia, mediante Decretos Ejecutivos, son mencionadas a continuación, aunque también son declaradas por la Ley Forestal de Suelos y Aguas en su artículo 17, algunas zonas protectoras tipificadas en sus cuatro (4) apartes, derogadas por la Ley de Agua (2007) en su artículo 54 con su Reglamento (2018) en su artículo 32 (zonas protectoras de cursos y depósitos de agua), aunada a la Ley de Bosque (2013) en su artículo 67 que establece las zonas protectoras de mesetas y montañas:

4.3.1.- Núcleo Fronterizo San Rafael de Guasare, Zona de Poblamiento y Desarrollo y Zona Protectora (Z. P.) de Suelos, Bosques y Aguas que comprende gran parte de las sub-cuencas hidrográficas de los ríos Socuy, Guasare y Cachiri, que juntos van a conformar el río Limón que desemboca en el lago de Maracaibo.

Fue creada bajo Decreto Ejecutivo No 1.444 de fecha 24-10-1978, cubriendo una extensión de 302.000 ha de superficie protegida, para asegurar los altos intereses de la Defensa y Seguridad Nacional, la conservación de los recursos naturales, conseguir un poblamiento y desarrollo armónico y garantizar el abastecimiento de agua potable a los centros poblados de Maracaibo, a través de los embalses de Manuelote y Tule, con la aducción resultante de los ríos Socuy y Cachiri, en orden.

Además, proveer del vital líquido a la población de Carrasquero, que toma directamente el agua del río Limón hacia la planta de tratamiento y a gran parte de los centros poblados de los Municipios Mara con su capital El Moján y Páez con capital Sinamaica, quienes se abastecen del embalse El Brillante, cuya agua proviene del río Guasare, con prospecto a brindar del preciado líquido al Municipio Insular Padilla con capital Isla de Toas.

Tal zona protectora constituye un núcleo fronterizo con el hermano país Colombia, por la parte Nor-oeste de Venezuela; conformada por centros poblados como Guarero, Paraguaipoa y Sinamaica, que integran parte de la denominada Guajira Venezolana, que juntos a paisajes de grandes atractivos turísticos, viven etnias autóctonas que representan nuestros ancestros, con las que se puede compartir sus tradiciones culturales e históricas con el desarrollo del ecoturismo.

En la parte Nor-este de esta zona se halla la cuenca carbonífera del Guasare, conformadas por las minas de carbón: Mina Norte (Carbones de la Guajira), Mina Paso Diablo (Carbones del Guasare) y Mina Sur (con intención de crear Carbones del Socuy), que de constituirse también será administrada por Carbones del Guasare, cuyas empresas son de carácter mixta, conformadas por capital de CARBOZULIA adscrita a CORPOZULIA y capital foráneo proveniente de la empresa privada extranjera.

4.3.2.- Región Lago de Maracaibo, Piedemonte Sierra de Perijá

Área Natural protegida desde el 26-05-1974 mediante Decreto Ejecutivo No 105, creada con la filosofía de proteger al ecosistema natural Sierra de Perijá, del avance de la expansión de las fronteras agropecuarias, e igualmente para proteger el contorno de manantiales y nacientes de las corrientes de agua que se forman en el mencionado ecosistema. Dicha zona protectora, la constituye dos (2) polígonos con interface hacia la Sierra de Perijá, con áreas intervenidas por prácticas de actividades agropecuarias, preferentemente.

4.3.2.1.- Polígono 1: Cubre un área de 40.000 ha, localizado en la parte oeste del Municipio Rosario de Perijá, alcanza llegar hasta las instalaciones de Cemento Catatumbo, C.A. (CECAT) en la franja oeste límite con el rio Cogollo, donde descargan sus aguas los manantiales que abastecen a la cementera (véase foto de piscina del acueducto) y llega hasta la Granzonera Perijá (hoy día llamada San Remo), ubicadas en el sector La Luna de la Villa del Rosario. Existen en el sector, unidades de producción agropecuarias, representadas por fincas lecheras y de producción de carne, que pueden ser incorporadas con el mejoramiento de sus instalaciones al avance de la actividad del agroturismo.

4.3.2.2.- Polígono 2: Abarca una superficie de 212.000 ha, que comprende una franja ubicada al oeste del Municipio Machiques de Perijá, con proyección de la misma hacia el Municipio Catatumbo, con solapamiento del polígono que protege al P.N. "Ciénaga de Juan Manual....", caracterizada por abundantes paisajes naturales de grandes atractivos turísticos, ubicada en ella: gran cantidad de ríos caudalosos y hermosos que son utilizados algunos como playas fluviales, además unidades de producción agropecuarias altamente productivas, varias de las cuales hasta con aeropuertos e instalaciones para albergar gran cantidad de visitantes, donde se puede desarrollar actividades del agroturismo.

4.3.3.- Cuenca Alta de los Ríos Matícora – Cocuiza. Creada por Decreto Ejecutivo No 105 de fecha 26-05-1974, abarca una superficie de 27.305 ha, ubicada en el límite de los estados Zulia (Municipios Miranda y Cabimas) y del estado Falcón al sur-este de Mene Mauroa. Ambos ríos proveen agua al embalse y/o presa de Matícora, que sirve como aducción de agua potable y como sistema de riego de los centros poblados de Mene Mauroa y el Consejo de Ziruma, con proyección a ser utilizado por el Complejo Petroquímico El Tablazo. Dado al gran atractivo turístico–recreacional del embalse de Matícora, el gobierno local promueve proyectos de carácter turístico para la zona, creándose un gran espectáculo con el aliviadero donde disfrutan bañistas y su continuidad constituye en aguas abajo un área recreativa de kioscos parrilleros y playa fluvial, entre otros atractivos turísticos, los paisajes que conforman la vegetación presente.

4.3.4.- Piedemonte Norte de la Cordillera Andina y Serranía Misoa-Trujillo

Zona protectora de carácter bi-estadal que comprende los estados Zulia y Trujillo (con la mayor participación), creada mediante Decreto Ejecutivo No 1.168 de fecha 20-10-1990, la cual cubre una extensión de 318.727 ha, conformada por filas de montañas y bordes inclinados de mesetas, con diversidad de especies botánicas y fauna silvestre, que junto a sus atractivos paisajes naturales, forman un sitio propicio para la práctica de actividades eco turísticas, localizándose en sus adyacencias centros poblados como Isnotú y Betijoque del Estado Trujillo, siendo Isnotú el centro poblado que vio nacer al Dr. José Gregorio Hernández, inminente médico científico venezolano, a quien se le adjudican grandes milagros, por lo cual se espera de las autoridades eclesiásticas su Santificación.

4.3.5.- Área Metropolitana de Maracaibo

Fue creada el 02-04-1984 mediante Decreto Ejecutivo No 1.059 y abarca una extensión de 20.800 ha, que comprende la periferia del casco urbano de las ciudades de Maracaibo y San Francisco, extendiéndose hasta el municipio Mara por la parte norte y el municipio Urdaneta hasta la parte sur, quien determina los linderos hasta donde debe alcanzar el crecimiento anárquico demográfico de ambas ciudades, para facilitar la prestación de los servicios públicos, a los fines de lograr un avance armónico y mesurable de dichas ciudades, a los fines de obtener una mejor calidad de vida urbana.

Dicha ABRAE está conformada por componentes del desarrollo urbano, tales como: parques, jardines, corredores viales, jardín botánico de Maracaibo, plazas, avenidas, hoteles y otras instalaciones, que aun cuando no han sido instituidas con fines netamente turísticos, puede albergar comodidad al visitante, que desean admirar el Puente Gral. "Rafael Urdaneta" y el ecosistema Lacustre Lago de Maracaibo, u otros atractivos turísticos que presenta la ciudad de Maracaibo y San Francisco, entre los que caben destacar: La Basílica La Chinita y Basílica Menor de San Fco, Monumentos a la Virgen de Chiquinquirá, Teatro Baralt y Lía Bermúdez, los cuales son considerados emblemas e íconos de la Zulianidad.

El polígono de la mencionada ABRAE se delimita de la siguiente manera: Este, sigue la línea de la costa del Lago de Maracaibo; Norte, es común al Parque Metropolitano "Las Peonías", quien forma parte del

Planetario "Simón Bolívar", Sur, es común al Plan Rector de Maracaibo y Municipio Urdaneta y Oeste, colinda con el Municipio Jesús Enrique Lossada.

4.3.6.- Zona Protectora y Reserva Hidráulica "Burro Negro"

Descrita en el punto 4.4.1.

4.4.- Reservas Hidráulicas

Bajo este apelativo fue creada esta ABRAE por disposición de la vigente Ley Orgánica de Ordenación del Territorio (1983), mientras que según la Ley Orgánica para la Planificación y Gestión de Ordenación del Territorio (2007, que aun cuando fue promulgada no ha entrado en vigencia), puede ser incluida en las categorías de áreas de uso especial, denominadas Reserva Nacional de Aguas o Zonas de Reserva para la Construcción de Presas y Embalses. La región zuliana es quizás el estado venezolano que tiene el mayor reservorio de agua dulce, dado a su ubicación geográfica y el potencial hídrico de la Sierra de Perijá y las Serranías con los estados vecinos, que requiere un tratamiento conservacionista específico y ser sometidos a un régimen especial de manejo.

Las ABRAE's de este tipo presentes en la entidad zuliana, son las siguientes:

4.4.1.- Burro Negro:

Se localiza en la Costa Oriental del Lago de Maracaibo, en jurisdicción del Mcpio Lagunillas del Estado Zulia, creado mediante Decreto Ejecutivo No 514 de fecha 05-11-1974 con **área** de 75.000 ha. Posee un hermoso Parque de Recreación a Campo Abierto o de Uso Intensivo (PRCAUI) llamado *Burro Negro*, administrado por INPARQUES-Región Zulia, ubicado alrededor del embalse que constituye la fuente principal de abastecimiento de agua potable a algunos centros poblados de la Costa Oriental (Cabimas, Ciudad Ojeda y Santa Rita).

El PRCAUI *Burro Negro*, es visitado con frecuencia por lugareños y forasteros, en busca de esparcimiento y recreación, en los cuatro (4) paisajes naturales que contiene: El Aliviadero (véase foto, tomado de Internet), Torre Toma, El Túnel y El Mirador, adjuntos kioscos merenderos y otros servicios básicos.

El área de la subcuenca Burro Negro, incluye las microcuencas hidrográficas de los ríos Grande y Chiquito, como principales afluentes del embalse sobre el río Pueblo Viejo. Debido a que se han hecho explotaciones madereras y deforestaciones para expandir las gestiones agropecuarias, ha causado procesos erosivos y sedimentación de la presa o embalse, acortándose su vida útil, por lo que el Ejecutivo Nacional promulgó la Zona Protectora y de Reserva Hidráulica "Burro Negro", como medida protectora, que incluye el Parque de Recreación del mismo nombre.

4.4.2.- Zona Sur del Lago de Maracaibo

Es la ABRAE de mayor superficie existente en la región zuliana con 880.000 ha, protegida legalmente a través del Decreto Ejecutivo No 557 de fecha 19-11-1974. Comprende los ríos afluentes del Lago de Maracaibo por la Zona Sur a Este y Oeste, de los que podemos mencionar los siguientes: Ríos Escalante, Chama, Onía, Tarra y Catatumbo, caracterizada por paisajes escénicos como el embalse de Onía y ciudades como Santa Bárbara y San Carlos del Zulia.

Esta ABRAE comprende la subregión del Lago de Maracaibo, que incluye los municipios: Colón, Catatumbo y Francisco Javier Pulgar del Estado Zulia, con elevado potencial de tierras aptas para la actividad agrícola y pecuaria, bañada por caudalosos ríos antes referidos donde se pueden instalar balnearios fluviales y otras edificaciones para brindar confort a los Ecoturistas lugareños y foráneos.

4.5.- Reservas de Fauna Silvestre

4.5.1.- Reserva de Fauna Silvestre "Ciénagas Juan Manuel, Aguas Blancas y Aguas Negras"

Creada mediante Decreto Ejecutivo No 1.345 de fecha 16-12-1975, la cual cubre una extensión de

227.795 ha, pertenecientes al Municipio Catatumbo, quien está regida y manejada por el Plan de Ordenamiento y Reglamento de Uso (PORU), promulgado según Decreto No 1.726 de fecha 22 de marzo de 2002, publicado en la Gaceta Oficial No 37.438 del 08-05-2002.

La mencionada ABRAE tiene modificación de sus linderos según Decreto No 1.655 de fecha 05 de junio de 1991, publicado en la Gaceta Oficial No 35.065 de fecha 07-10-1992, con una superficie de 70.680 ha. Dicha reserva tiene como objetivo general, desarrollar programas experimentales o definitivos de ordenación y manejo de las poblaciones de animales silvestres y acuáticos, a los fines de asegurar la producción continua de las especies (babilla, iguana verde, lapa, báquiro, careto) para su aprovechamiento racional, así como la preservación del hábitat y las poblaciones de las especies no aprovechables, en particular aquellas consideradas vulnerables, amenazadas o en peligro de extinción, como es el caso del manatí y el caimán de la costa.

Asimismo, proteger los viveros naturales de las especies ícticas de valor comercial y deportivo, y garantizar el aprovechamiento sustentable de estas especies a través del incremento de sus poblaciones, por lo cual el área acepta eco turistas cazadores y pescadores, además de otros intereses por conservar ecosistemas con paisajes escénicos, zonas prístinas y planicies inundables e igualmente visitantes con interés de desarrollar actividades de investigación científica, en especial la dirigida al manejo del área como sitio donde se origina el Relámpago del Catatumbo, que es un excelente atractivo turístico.

4.5.2.- Ciénaga de La Palmita e Isla de Pájaros

Fue creada Reserva de Fauna Silvestre mediante Decreto No 730 de fecha 09 de marzo de 2000, la cual incluye dos porciones del territorio zuliano que en conjunto abarcan una extensión de 2.525,85 ha, de las cuales 2.500 ha corresponden a la Ciénaga de la Palmita y las restantes 25,85 ha a la Isla de Pájaros. La 1era se ubica en la parroquia Santa Rita del Municipio del mismo nombre y las parroquias Ana María Campos y Altagracia del Municipio Miranda y colinda por el Norte, con vía hacia Punta de Leiva con la carretera Falcón–Zulia; mientras que por el Sur, con los centros poblados Palmarejo y el Rocío y la carretera Falcón–Zulia hacia Maracaibo; por el Este, con el centro poblado de Mecocal y por el Oeste, con el Lago de Maracaibo, también la Ciénaga del Potrero y la Isla de Providencia.

Mientras que la Isla de Pájaros limita al Nor-oeste el poblado Palmarejo y frente Punta Iguana, perteneciente al municipio Santa Rita. El objetivo de la creación es la de conservar el hábitat de numerosas especies de aves, especies de interés cinegético y en peligro de extinción. Cuenta con paisajes escénicos de atractivos para el turismo y la recreación.

4.6.- Área Boscosa Bajo Protección

Los macizos boscosos que integraron a la región zuliana, estaban constituidos principalmente por la Selva

Sur del Lago de Maracaibo y la Selva Occidental del mismo, los cuales desaparecieron posiblemente por la construcción a posterior de la panamericana vía hacia El Vigía, que pertenecen a los estados Zulia, Trujillo y Mérida (Trocal 7); así mismo a la carretera Maracaibo a San Cristóbal, en orden (Trocal 6). Sin embargo, todavía existen áreas boscosas las cuales, por sus características y potencialidades, deben destinarse a la producción de productos forestales de manera sustentable, bajo Planes de Manejo u Ordenación bien concebidos, sin menoscabo de sus funciones protectoras, recreacionales y científicas, para el disfrute de quienes las visitan (lugareños y foráneos).

Las áreas protegidas mencionadas a continuación, constituyen el aun patrimonio forestal del Estado Zulia, destinadas en forma permanente a la producción de productos forestales con mengua sucesiva, así como a la protección de los restantes recursos que conforman la naturaleza, sobre todo en aquellos sitios que evidencian usos y ocupaciones anárquicas del espacio, en detrimento de los bosques naturales, cuyas áreas fueron creadas por iniciativa de ecólogos y silvicultores a través del Decreto Ejecutivo No 1.661 de fecha 05-06-1991, las cuales pueden ser aprovechadas para las funciones pre mencionadas, con el criterio de rendimiento sustentable, sostenido o continuo, ellas son las siguientes:

4.6.1.- Área 32: Río Tocuco:

Esta área boscosa abarca una extensión de 20.370 ha. El río Tocuco nace al Nor-oeste de la población de

Machiques, situada en jurisdicción del Municipio Colón. Posee paisajes de grandes atractivos turísticos, con vías de penetración de fácil acceso. El Área 32 se sitúa en la cuenca media del rio Tocuco a la altura de la población de Machiques, cuenta con instalaciones y servicios adecuados para albergar a los visitantes en busca de esparcimiento y recreación.

4.6.2.- Área 33: Río Aricuaiza:

Esta área boscosa se localiza en el Municipio Colón y posee una superficie de 21.640 ha. El río Aricuaiza nace al sur-oeste de la población de Machiques y tiene como tributarios principales Caño Norte y río Piedra cerca de la República de Colombia. Junto a los ríos Lora, Tocuco y río Negro, van a constituir el río Santa Ana, quien desemboca al Lago de Maracaibo, en cuyo curso natural existen hermosos paisajes, constituidos principalmente por sus tributarios y/o afluentes.

4.6.3.- Área 34: Río Tarra:

Esta área boscosa cubre un área de 99.810 ha y se ubica en el Municipio Colón. El río Tarra nace en el Municipio Catatumbo del Estado Zulia, al sur-oeste del Municipio Machiques de Perijá, en cuyas caudalosas aguas se pueden instalar balnearios fluviales y se puede promover la pesca de carácter deportiva.

4.6.4.- Área 35: Santa Rosa:

Comprende una poligonal definida por accidentes físico—naturales y paisajes escénicos desde su origen en el punto situado en el puente sobre la Cañada La Gorda, conectando el río Santa Ana en el Caserío Los Robles hasta la confluencia con el río Santa

Rosa, hasta conectar con sentido norte la carretera pavimentada que conduce al centro poblado de San Felipe, que continúa hasta el punto de origen en el puente sobre la Cañada La Gorda.

4.7.- Zonas de Aprovechamiento Agrícola

Fue creada mediante el Decreto Ejecutivo No 977, publicado en la Gaceta Oficial No 32.173 de fecha 19 /02/1.981, delimitada por una poligonal cerrada de 59 vértices que abarca una extensión de 11.050 ha, ubicada en jurisdicción del Mcpio Mara del Estado Zulia, cuya actividad es regulada a través del basamento legal enmarcado dentro de la Ley de Zona Agrícola Especial. Las tierras deben ser preservadas para el impulso agrícola sustentable, debido a sus atributos, aptitudes de uso y ventajas comparativas y competitivas.

En este sentido, el Ejecutivo Nacional consideró oportuno que los suelos agrícolas que conforman la mencionada ABRAE, deben ser preservados de cualquier otro uso distinto a los que establezca el estudio y clasificación de los mismos, de acuerdo con su capacidad agrológica y/o productiva, grado de erosión, fertilidad y normas de conservación, u otros, a los fines del indispensable desarrollo agrícola integral que requiere la región zuliana y el país en general para mermar el hambre, donde será incorporada la comunidad rural, las instituciones públicas y privadas directamente ligadas con el desarrollo de los sectores agrícolas y agroindustriales con cultivos de guayaba, níspero, uvas, entre otros, con el valor agregado de agroindustrias de pulpas de frutas e industrias vitícolas.

No obstante, el desarrollo de actividades eco turísticas en esta figura jurídica conservacionista, puede ser considerado en su Plan de Ordenación y Manejo, puesto que no son incompatibles con el uso de los suelos, si se llevan a cabo de una manera consciente y organizada, máximo cuando también están integrados en la jurisdicción de los municipios Mara y Páez, otros paisajes de grandes atractivos turísticos, como por ejemplo: la Laguna de Sinamaica, El Gran Eneal, Caño Pedrú afluente del rio Socuy y subregión La Guajira en todo su esplendor, así como la incorporación en el programa Agro turístico de Granjas Avícolas y cultivos de frutales perennes arborescentes de guayaba y níspero, además de cultivos de uvas con fines agroindustriales, entre otras actividades agropecuarias.

4.8.- Áreas Críticas

En jurisdicción del Zulia, encontramos dos (2) áreas de Uso Especial de este tipo; las cuales, según la legislación vigente en materia de ordenación del territorio, esta categoría incumbe con la de Área de Protección y Restauración Ecológica, dado a los problemas ambientales provocados e inducidos, bien por la acción del hombre (antropogénicas o culturales) o por causas naturales, que requieren con carácter prioritario de un plan de ordenamiento y manejo especial. Entre las áreas críticas de la Región Zuliana tenemos las siguientes:

4.8.1.- Tramo de la Cuenca Alta y Media del Río Machango:

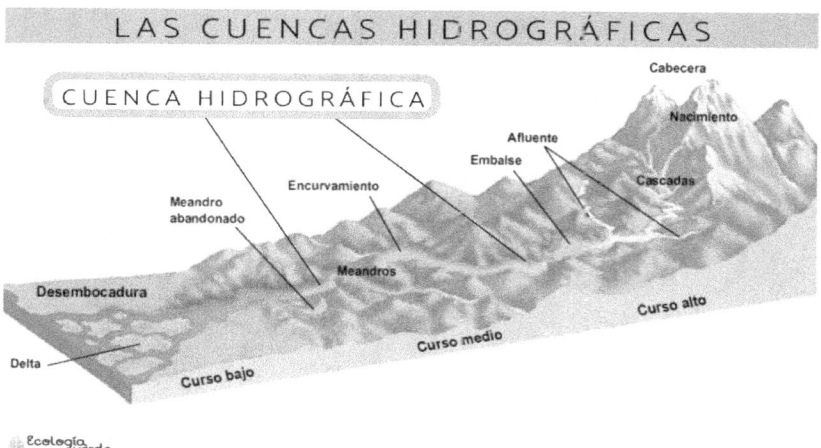

LAS CUENCAS HIDROGRÁFICAS

Fue creada en Decreto No 978 de fecha 19-02-1981, localizada en la COLM jurisdicción de los Mcpios Lagunillas y Valmore Rodríguez del Estado Zulia, la cual tiene por finalidad proteger esta cuenca hidrográfica de la intervención humana, para evitar los procesos erosivos llevados a cabo en el tramo del río (véase imagen tomada de Internet que manifiesta la jerarquía de una Cuenca Hidrográfica) y con ello aumentar la vida útil de la presa al eliminar la sedimentación, cuyo embalse servirá como aducción de agua potable a gran parte de la Costa Oriental del Lago de Maracaibo.

Esta Área de Uso Especial la conforma un polígono de 59.400 ha, con una variada gama de paisajes naturales y culturales de gran valor ecoturístico-recreacional por sus pisos latitudinales, diversidad de especies de flora y fauna silvestre, factores climáticos atractivos y un ambiente natural libre de ruidos y contaminación, así como una vialidad accesible con vehículo de doble tracción, debido a las fuertes pendientes que se presentan en algunos sitios, como producto de la irregularidad del relieve, cuya vía tiene el punto de partida en la población de El Venado; ámbito conocido por el autor del libro en proyecto de Extensión Conservacionista, iniciado por el Ministerio del Ambiente y de RNR con la Consultora Ambiental PROFORCA (1998), como Programa de Manejo y Conservación de esta Cuenca Hidrográfica.

4.8.2.- Proyecto de Obras de Control de Inundaciones y Drenajes de la Zona Sur del Lago de Maracaibo:
Dada a la abundante lluvia sucedida en la zona y la presencia de suelos arcillosos en algunas áreas, la misma está sujeta a continuas inundaciones, que requiere de la construcción de ciertas obras de infraestructuras de drenajes, requiriéndose el precepto en categoría de otras áreas para el ordenamiento territorial, con Decreto Ejecutivo No 462 de fecha 21-11-1999, abarcando área de 26.338,32 ha, donde existen paisajes con bellezas escénicas, ríos caudalosos, amplia biodiversidad y unidades de producción agropecuaria para el agroturismo. La Subregión Sur del Lago de Maracaibo abarca el territorio de los municipios Jesús María Semprúm, Catatumbo, Colón, Francisco Javier Pulgar y Sucre del estado Zulia, así como los Mcpios **Alberto Adriani**, Obispo Ramos de Lora y la población de Palmarito del Mcpio **Tulio Febres Cordero del Estado Mérida, en Venezuela.**

4.9.- Puerto de Aguas Profundas "Puerto América"

La aun no vigente Ley Orgánica para la Planificación y Gestión del Ordenamiento Territorial (2005), denomina esta Área de Uso Especial como Costas Marinas de Aguas Profundas, creada a los fines de evitar la entrada de salinidad al reservorio de agua dulce Lago de Maracaibo, ocasionado por la apertura y mantenimiento del canal de navegación de embarcaciones de alto calado hacia el lago, en procura de transportar minerales energéticos como carbón e hidrocarburos preferentemente, la cual fue creada según Decreto No 462 de fecha 21-11-1999 y consta de una superficie de 26.338,32 ha, situada en el municipio Insular Almirante Padilla, que es patrimonial de la Subregión Guajira.

4.10.- Zona de Seguridad Fronteriza
4.10.1.- Fronteras con Colombia:

Comprende una gran franja con anchuras entre 100,7 km y 3.3 km, que constituye el límite político territorial con el hermano país Colombia, la cual abarca los Municipios Catatumbo, Machiques, Rosario de Perijá y Páez, sujeta a regulación especial mediante Decreto No 3.340 de fecha 20-01-1991, a los fines que estimule el desarrollo integral de resguardar la frontera y controlar la presencia y acciones de personas nacionales y extranjeras, quienes desde esos espacios geográficos, pudieran representar potenciales amenazas que afecten la integridad territorial y por consiguiente la seguridad de la nación. En las adyacencias del territorio de esta categoría, se formalizan numerosas negociaciones y existen intercambios de carácter social, tecnológico, cultural e histórico, que bien pueden ser involucradas a las gestiones ecoturísticas de la región zuliana adyacente con el país Colombia.

4.11.- Zonas de Seguridad:

Representadas por algunas instalaciones públicas que requieran ser protegidas, como las petroleras propiedad de PDVSA-Occidente, incluyéndose: plantas, patios de tanques, refinerías, corredores de tuberías, tendidos eléctricos, estaciones de flujo, u otros servicios, que dado a su importancia estratégica, características y los elementos que los conforman, están sujetos a regulación especial, en cuanto a las personas, bienes y actividades que ahí se realizan, con la finalidad de garantizar la protección de estas zonas ante peligros o amenazas internas o externas, de conformidad a la Ley que regula la materia; en cuyas adyacencias se pueden desarrollar Biopaisajismo, que dado el atractivo ecoturístico que manifiestan, bien pueden ser incorporadas en los programas de desarrollo del ecoturismo zuliano.

4.11.1.- Complejo Petroquímico El Tablazo (hoy día Ana María Campos).

Ubicado en la COLM, específicamente en los Puertos de Altagracia donde marcha Pequiven. El Complejo Petroquímico Ana María Campos, también conocido como Complejo Petroquímico "El Tablazo", inicio sus operaciones desde el año 1966, y está conformado por: planta cloro-soda, planta las ofelinas, planta de amoniaco y urea, planta de gas natural, planta de cloruro de polivinilo y planta de reutilización de aguas servidas o residuales (Proyecto RAS).

4.11.2.- Complejo Siderúrgico del Zulia (Puerto de CORPOZULIA).

Es el único muelle que presta servicio a terceros para el pesaje, descarga, acopio y carga a buques de carbón mineral tanto nacional como internacional.

PDVSA Gas, filial de Petróleos de Venezuela, celebra 53 años de operaciones en la Planta de Fraccionamiento Bajo Grande, ubicada en el municipio La Cañada de Urdaneta del estado Zulia (actualmente inhabilitada). La construcción de esta instalación se desarrolló entre los años 1968 y 1969 y entró en funcionamiento en junio de 1970, con capacidad para producir 25 mil barriles diarios de líquidos de gas natural, del cual se obtiene: propano, isobutano, normal-butano y gasolina natural. Esta mezcla de hidrocarburos proveniente del gas natural, que tiene varios componentes y usos, entre ellos: materia prima para la petroquímica, los procesos de refinación y como combustible.

Complejo Refinería Bajo Grande; Y el Complejo Petroquímico Ana María Campos (El Tablazo), Imágenes tomadas de Internet, Maracaibo, agosto de 2023.

4.11.4.- **Corredor de Tubería Ule-Amuay**

Abarca los estados Zulia-Falcón, partiendo desde el municipio Cabimas (ULE) hasta una de las refinerías más grandes del mundo Cardón-Amuay. El Oleoducto de 24" recorre el corredor superficialmente por la margen izquierda y el Gasoducto va enterrado por la margen derecha.

4.12.- Zona de Reserva para Construcción del Embalse El Diluvio Río Palmar

Es una Presa conformada por los ríos Caño Colorado-*Caño Pescado*, ríos *Laja* y Totumo, afluentes del *río Palmar*, por el cual es denominado Embalse Los Tres (3) Ríos, localizado en las subregiones Perijá y

Planicie de Maracaibo, en la zona limítrofe entre los municipios Jesús Enrique Lossada y Rosario de Perijá, cuyos ríos forman parte del potencial hídrico con que cuenta la Sierra de Perijá.

Dicho embalse es utilizado en los Sistemas de Aducción de Agua Potable desde el Embalse Tres Ríos hasta la Planta de Potabilización Cerro Cochinos, Maracaibo, Estado Zulia, Tramo III y en los sistemas de riego en la Planicie de Maracaibo, con tierras aptas para el avance de actividades agrícolas en diferentes subsectores. La zona cuenta con 4.734 ha, creada según Decreto No 1.174 de fecha 16-09-1975, ubicada dentro del polígono del P.N. "Perijá", en operaciones desde 19/11/2006.

4.13.- Parque Metropolitano Las Peonías (Decreto de la Gob. del Edo Zulia).

Está localizada en la Subregión Planicie de Maracaibo, al norte de la ciudad de Maracaibo y límite con el municipio Mara, formando parte de las instalaciones del Planetario Simón Bolívar en el Sector Salina Rica, la cual fue protegida según Decreto del Ejecutivo Regional N° 66 de fecha 12-06-1968 y consta de una extensión de 2.000 ha, conformadas por instalaciones para brindar comodidades a los visitantes en busca de recreación y turismo, entre ellas se halla una amplia laguna, utilizada para prácticas deportivas de canotaje y como hábitat temporal de aves migratorias, ejemplo los flamencos de diversas variedades.

Dicha laguna de formación natural, cuenta con 1.600 metros de ancho por siete kilómetros de largo y sólo tiene entre 60 y 80 centímetros de profundidad (que puede ser considerada como un HUMEDAL), es rica en diversidad de peces y mariscos, flora como el mangle y la peonía, así como la presencia de flamencos o Flamingo, que son aves migratorias que llegan a la laguna por períodos de tres meses cada año, con el fin de comer camarones y absorber una bacteria que producen los peces que les ayuda a mantener su coloración rosada.

El *Parque Metropolitano Las Peonías* debe su nombre a los indígenas wayuu de la zona, a propósito de las semillas de colores rojo y negro que son expulsadas por los árboles del mismo nombre que abundan en su entorno (Peonia) y conservado el reservorio de agua por abundantes especies de mangle, y que, de acuerdo a creencias, esas semillas son usadas por nuestros indígenas para curar el mal de ojo, para la suerte y para evitar cualquier tipo de enfermedad.

A orillas de esta hermosa laguna zuliana, donde se ha practicado el canotaje y ha sido escenario de competencias acuáticas municipales, regionales y nacionales, se encuentra el Complejo Científico Cultural y Turístico Simón Bolívar, conocido como el Planetario Simón Bolívar, que ofrece actividades educativas, científicas, deportivas y recreativas (véase fotografías tomadas de Internet).

Imágenes tomadas de Internet: Laguna de Las Peonia y Planetario Simón Bolívar

4.14.- PARQUE DE RECREACIÓN A CAMPO ABIERTO O DE USO INTENSIVO

Según el autor del presente libro, se definen como parques de recreación a campo abierto o de uso intensivo (PRCAUI), al *área* delimitada *físicamente*, ubicada en un ámbito urbana o sub-urbana, donde existen elementos naturales o culturales que tienen atractivos turísticos, con interés social para la prestación de servicios, los cuales deben estar *íntegra*mente en buen estado de conservación, para poder ofrecer alternativas de actividades de Educación Ambiental continua, recreación y solaz esparcimiento, con especial importancia ecológica ornamental a nivel local para el ámbito geográfico donde está situado y para visitantes foráneos, en el que existe equipamiento físico con custodia de funcionarios de INPARQUE o de los empleados de la Alcaldía que fungen como administradores, que deben ser calificados además para la vigilancia y el control de las actividades desarrolladas en el mismo; en el que no debería estar ocupado por población perturbadora.

A la par, puede presentar características paisajísticas sobresaliente, como: laguna ornamental, caminerías, instalaciones o sitios de elevada belleza escénica, junto con vegetación natural o de plantaciones con fines ornamentales, que merecen recibir protección absoluta a perpetuidad, conservándose en estado natural o con moderada afectación, que permita su mejoramiento ambiental / ecológico, basado en programas operativos de conservación, salvaguardia y restauración, bajo los criterios administrativos, técnicos, legales y ambientales o ecológicos, entre otros.

Su creación está basada en el artículo 2 de la Ley del Instituto Nacional de Parques (G O No 2.290 de fecha 21/07/1978), complementado en el art. 3 del Reglamento Parcial de la referida Ley de INPARQUES para la Administración de dichos parques adscritos a este instituto, según Decreto 2.817 del 10/09/1998, publicado en la G. O. No 36.560 del 15/10/1998, que establece que solo podrán declararse como PRCAUI las áreas para servir de bienestar de la población con la ornamentación, embellecimiento, saneamiento ambiental y esparcimiento.

Los mismos deben ser administrados por INPARQUES a través de la Dirección General Sectorial de Parques de Recreación (**artículo** 12, Ejusdem, 1998), el cual constituye junto con los parques nacionales y monumentos naturales el Sistema Nacional de Parques, que deben ordenarse y regularse oportunamente, en el contexto del Plan de Desarrollo, Administración y Manejo, según el marco legal venezolano exigido para estas Áreas Protegidas (Decreto No 2.817, 1998), que instaura las normas que regirán la administración y el manejo del mismo; es decir, se basa en un sistema integrado de gestión ambiental para estas áreas protegida.

No obstante, INPARQUES ha cedido la Administración de algunas de estas ABRAE's a las Alcaldías de la jurisdicción del parque de recreación, basado en el artículo 16 de dicho Decreto No 2817 (1998), en el que se establece que el ente INPARQUES podrá celebrar convenios con las instituciones públicas o privadas, con la finalidad de cumplir con las actividades señaladas en el artículo 15 del mismo Decreto No 2817, tales como: la planificación, programación, coordinación y ejecución, además del control y el fomento de la participación de comunidades en las actividades educativas y recreativas que se realicen en estos PRCAUI.

A continuación, se describen los PRCAUI existentes en el Edo Zulia:

4.14.1.- Jesús Enrique Lossada (JEL)

Asociado con el artículo 16 del Decreto No 2817 (1998), INPARQUES acuerda mediante convenio conceder a la Alcaldía Rosario de Perijá la administración y el manejo del parador Turístico Parque de Recreación a Campo Abierto o de Uso Intensivo Jesús

Enrique Losada (JEL), denominado en la actualidad "Ramón Valbuena", en honor a su *fundador* de origen Rosarense, para lo cual se crea el Instituto Municipal del Ambiente (IMA) con Ordenanza publicada en Gaceta Oficial designada con el N° 213 del 28/12/2006, con personalidad jurídica, quien podrá identificarse en sus gestiones y actividades públicas institucionales con las siglas de *IMA*; tendrá además entre otras funciones burócratas, la conservación de las áreas naturales como el citado parque de recreación.

En este sentido, a modo de contribuir como Agrotécnico residente de Villa del Rosario, con conocimientos en el área de Manejo y Administración de ABRAE's, por su Trabajo de Pregrado, entre otros, el mismo autor del presente libro elaboro el Plan de Desarrollo, Administración y Manejo para el Parque de Recreación a Campo Abierto o de Uso Intensivo (PRCAUI) *Ramón Valbuena*, a los fines de lograrse la gestión sustentable de este parque de recreación, que tiene como propósito fundamental el Desempeño de la Gestión Sustentable del "mismo, ubicado en el sector Las Palmeras a la entrada de la ciudad Villa del Rosario, parroquia El Rosario, municipio Rosario de Perijá del estado Zulia.

Este parque fue inaugurado en octubre de 1992 según *Reservorio* del Boletín Informativo de INPARQUES No 6 de fecha noviembre de 1992, constante de un área de 40 ha, de las cuales 12 ha estaban conformadas por áreas de servicios; y empieza su construcción dentro del Programa de Mejoramiento vial del Ministerio de Obras Públicas (MOP) en el año 1963 por iniciativa del Sr. Ramón Valbuena, quien era el Jefe de la Dependencia del MOP de la zona para esta época.

Parque de Recreación a Campo Abierto o de Uso Intensivo *Ramón Valbuena*

4.14.2.- PRCAUI Burro Negro:

Dentro de la Reserva Hidráulica del mismo nombre existe un hermoso Parque de Recreación a Campo Abierto o de Uso Intensivo, administrado por INPARQUES-Región Zulia, ubicado en torno al embalse *Pueblo Viejo*, en los municipios Lagunillas y Valmore Rodríguez; Reserva Hidráulica que constituye la fuente principal de abastecimiento de agua potable a algunos centros poblados de la Costa Oriental del lago de Maracaibo (Cabimas, Ciudad Ojeda y Santa Rita). El referido parque abarca una extensión de 36 ha de tierra firme y 24 ha de espejo de agua, el cual es visitado con gran frecuencia por lugareños y forasteros, en busca de esparcimiento y recreación, en los cuatro (4) paisajes naturales que contiene: El Aliviadero, Torre Toma, El Túnel y El Mirador, adjuntos kioscos merenderos, ente otros servicios básicos.

CONCLUSIONES Y RECOMENDACIONES

- La mayoría de la información suministrada en las ABRAE's, es el resultado de trabajos realizados en sus jurisdicciones, visitas de campo y giras técnicas que el autor ha consumado a las mismas, concluido con las referencias bibliográficas y consultas a Internet, e incluso en conversatorios y entrevistas con agrotécnicos.

- El Ecoturismo se puede concebir como una gestión económicamente rentable, socialmente beneficiable, técnicamente viable y ecológicamente sustentable, como en efecto ha sucedido con la superficie decretada por el Ejecutivo Nacional para el Estado Zulia como Áreas Bajo Régimen de Administración Especial (ABRAE's), en el que en 90% aproximadamente, permite garantizar el aprovechamiento y uso sustentable para desarrollar actividades con fines ecoturísticos, proyectados hacia funciones tipo: socio-culturales, recreacional-interpretativas, educativas-científicas, productoras-restauradoras, protectoras-conservacionistas y seguridad-resguardo.

- En el Edo Zulia existen Áreas no Protegidas con paisajes naturales de grandes atractivos turísticos, que dado a la fragilidad ecológica y la presencia de elementos naturales de significativa importancia regional y nacional, ameritan ser declarados como

ABRAE's según estudios de versados, entre otros se citan ecosistemas acuáticos, como: la Laguna de Sinamaica, Gran Eneal, Laguna de Cocineta y algunos pueblos de agua, que aún no están protegidos.

- Se recomienda proteger todo el polígono del Megaecosistema "Sierra de Perijá", ampliando hasta cubrir la totalidad de casi el millón de hectáreas que lo conforman, con una o varias ABRAE's que los especialistas consideren pertinente.

- Se sugiere formular y ejecutar en aquellas ABRAE's que no tienen los Planes de Ordenación y Manejo y su propio Reglamento de Usos (PORU) o en su defecto los Planes de Desarrollo para su Administración y Manejo de las Áreas Protegidas que han sido decretadas en el Edo Zulia, instrumentando las normas que regulan el ordenamiento para la protección y uso de las mismas; tomando en cuenta que dada a la belleza escénica y paisajes de atractivos turísticos que poseen la mayoría de ellas, se sugiere que en el PORU u otros se incorporen y desarrollen actividades de ecoturismo, turismo ecológico o agroturismo.

- En general, se deberían desarrollar proyectos ecoturísticos en Zonas de Interés Turístico, que sean ABRAE's o no con grandes bellezas escénicas, motivando a MINTUR, la Gobernación del estado Zulia y a las Alcaldías de su jurisdicción, para que pueda realizar las inversiones en vinculación con el capital privado.

- Se debería familiarizar virtualmente a potenciales Ecoturistas con las ABRAE's o que no tiene decreto de constitución, con interés turístico-recreacional, que están localizadas en jurisdicción de la Región Zuliana.

- Establecer directrices básicas en la interrelación ambiente-turismo, en el avance de la vida humana con el ámbito del mundo moderno: participación activamente para contribuir a conservar, patrocinar y mejorar a las Áreas visitadas que están Protegidas o no son ABRAE's, de conformidad al artículo 299 de la CRBV (1999).
- Centrar los esfuerzos deberían en un programa de gestión del arbolado urbano o sub urbano e incluso en las áreas protegidas o no declaradas ABRAE's, a los fines de enaltecer los atractivos turísticos con paisajes de bellezas escénicas, como las áreas verdes y los jardines, así como también para abordar los desafíos del cambio climático o calentamiento local de la ciudad de Maracaibo.

REFERENCIAS
BIBLIOGRÁFICAS

- Asamblea Nacional Constituyente de la República Bolivariana de Venezuela (1999). Constitución Nacional. Caracas.
- Asamblea Nacional de la República de Venezuela (2002). Caracas 28/12/2002. Ley Orgánica de Seguridad de la Nación.
- Asamblea Nacional de la República Bolivariana de Venezuela (2005). Ley Orgánica para la Planificación y Gestión de la Ordenación del Territorio. Caracas, septiembre 2005 (No vigente aun).
- Asamblea Nacional de la República de Venezuela (1983). Gaceta Oficial N° 3.238 de 11-08-1983. Ley Orgánica para la Ordenación del Territorio.
- Asamblea Nacional de la República de Venezuela (2006). Ley Orgánica del Ambiente. Caracas.
- Asamblea Nacional de la República Bolivariana de Venezuela (2008). Ley de la Diversidad Biológica.
- Asamblea Nacional de la República de Venezuela (2012). Ley Penal del Ambiente.
- Asamblea Nacional de la República de Venezuela (1941). Ley Aprobatorio de la Convención para la Protección de la Fauna, de la Flora y de las Bellezas Escénicas Naturales de los Países de América. Proveniente de la Convención de Washington. 1940.
- Asamblea Nacional de la República de Venezuela (1966). Gaceta Oficial N° 1.004 Extraordinario de fecha 26-01-1966. Ley Forestal de Suelos y Aguas.
- Asamblea Nacional de la República de Venezuela (1970). Gaceta Oficial N° 29.289. Ley de Protección a la Fauna Silvestre. Caracas.
- Hans Kelsen (1881-1973). TEORÍA PURA DEL DERECHO. La 1era edición aparece en 1934, versión original alemana rescrita por el mismo Kelsen en francés con traducción al español en Argentina en el año 1941 y la 2da, en 1960 traducida por la UNAM (México), en 1979; que es la que resulta la expresión revisada y más desarrollada. La pirámide kelseniana representa gráficamente la idea del sistema jurídico escalonado para casi todos los países del mundo.
- Gaceta Oficial de la República Bolivariana de Venezuela publicada bajo el N° 6.152, Extraordinario de fecha 18 de noviembre de 2014. Decreto N° 1.441 de fecha 17/11/2014, con Rango, Valor y Fuerza de Ley Orgánica de Turismo.
- Guillén V., Carlos E. (1983). Plan Maestro para la Conservación, Defensa y Mejoramiento del Monumento Natural "Laguna de Urao". Lagunillas de Mérida. Tesis de Grado para optar al Título de Ing. Forestal. Escuela de Ingeniería Forestal, Facultad de Ciencias Forestales. ULA. Pasantías INPARQUES. Mérida.
- Guillén V., Carlos E. (1983). Ponencia Áreas Protegidas de la Región Zuliana con paisajes atractivos de interés turístico-recreacional.

I Cumbre Ecológica Sierra de Perijá en fecha 24 al 27/05/2007 en Machiques del Estado Zulia. SVIF-Zulia.

- Guillén, V. Carlos E. (2012). Plan de Restauración Ecológica de las áreas afectadas por la actividad petrolera en la unidad operativa de Campo Boscán. Contrato de Asesoría y Supervisión Ambiental entre la EM PETROBOSCAN y la Consultora Ambiental TRANSSER-CA, febrero-junio de 2012.

- Guillén, V. Carlos E. (2013). Curso: *Manejo Ecoeficiente de cuencas hidrográficas*. Contenido del material didáctico para el curso patrocinado por el Instituto para la Conservación del Lago de Maracaibo (ICLAM). Consultora Ambiental TRANSSERCA. Instructores: Ing. Forestal y M.Sc. Carlos E. Guillén V.; Dra. Blanca Medina de Urdaneta e Ing. / Esp. Ambiental Ausberto Quero. Maracaibo 02 al 06/06/2013.

- Guillén, V. Carlos E. (2013). Recuperación Bioecológica de Áreas Degradadas por la Acción Minera en cementeras. II Congreso de Gestión Ambiental en Maracaibo del 24 al 28 de noviembre de 2014. Presentación en cartel. Universidad Bolivariana de Venezuela (UBV). 38p.

- Guillén V., Carlos E. (2014). Cátedra de Planificación y Gestión Ambiental. Programa de la Maestría de Gerencia Ambiental. UNEFA, Núcleo Zulia, Termino Académico 2014-2. V Cohorte.

- Guillén V., Carlos E. (2018). Rescate Integral del Monumento Natural Laguna de Urao y sus áreas de influencia. FUNDALAGUNA.

- Guillén V., Carlos E. (2020). Plan de Repoblación Vegetal en Zonas Protectoras de Afluentes Tributarios Monumento Natural Laguna de Urao. FUNDALAGUNA.

- Guillén V., Carlos E. (2022). Plan de Desarrollo, Administración y Manejo del Parque de Recreación a Campo Abierto o de Uso Intensivo *Ramón Valbuena*. Contribución al Instituto Municipal Ambiental (IMA) de la Alcaldía Rosario de Perijá del estado Zulia, junio de 2022.

- Guillén, Pedro (1990). Áreas Bajo Régimen de Administración Especial. División de PROFAUNA. MARNR - Región Zulia. II SERECONAM, Maracaibo, 24 al 26 de octubre de 1990.

- UICN (2012). Un análisis del impacto de las resoluciones de la UICN en los esfuerzos internacionales de conservación. Gland, 12 pp.

- Medina, Ulises (Instructor de la G.N. Maracaibo, 2002). Mapa Temático de las ABRAE del Zulia. CORE 3 - Guardería Ambiental. Guardianes Ambientales.

- Núñez Martínez, Leonardo (1994). El Ecoturismo para la Sierra de Perijá. Funda sierra. San José de Perijá del Estado Zulia. Marzo de 1994.

- Parra Márquez, Ángel Adonaís (2016). Desarrollo Sustentable de Parques Ecoturísticos de la Región Zuliana. Programa de Maestría de Gerencia Ambiental de la Universidad Experimental Politécnica de la Fuerza Armada Nacional (UNEFA) Núcleo Zulia. Tutor Ing. Forestal / M.Sc. Carlos E. Guillén V.

- Proyectos Forestales, C.A. (PROFORCA, 2002). Caracterización Ambiental del Monumento Natural Laguna de Urao; Estudio base para la Formulación del Plan de Ordenamiento y Reglamento de

Uso (PORU), Lideriza Ing. Forestal (M.Sc.) Carlos E. Guillén V. Contratación con la Alcaldía del municipio Sucre, Mérida.

- Vera Guardia, Carlos (1990). Ambiente, Recreación y Turismo. Universidad del Zulia. Facultad de Arquitectura. II SEROCONAM. Maracaibo 24 al 26/10/1990.
- Testimonios directos. Conversaciones con el Ingeniero Forestal Luis Aguirre. Dirección Estadal Ambiental Zulia del MINAMB. Maracaibo, enero 2007.

RESUMEN CURRICULAR DEL AUTOR DEL LIBRO

Carlos Enrique Guillén Valero es nativo de Lagunillas de Mérida, Ing. Forestal graduado en la Ilustre Universidad de los Andes (ULA), Mérida-Venezuela en fecha 23/03/1984, con Especialización Profesional en Gcia Empresarial titulado el 24/10/1996 e igualmente de M.Sc. en Administración de Empresas graduado el 13/12/2001, ambos postgrados en la Universidad Rafael Urdaneta (URU) con sede en Maracaibo Edo Zulia-Venezuela; con Diplomado en Formación Docente en la Universidad Dr. José Gregorio Hernández, Maracaibo (08/03/2008).

Su experiencia laboral transciende los ámbitos competitivos en la Sociedad General de Servicios (SGS) de Venezuela, Inspector de Ensayos no Destructivos con gestiones de Control de Calidad mediante el Uso de Radioactividad, Tinte Penetrante y Ultrasonido en Instalaciones Petroleras de la COLM desde abril 1984 a Sep. de 1984; continua en la Actividad Privada o Libre Ejercicio de la Profesión de Ingeniero Forestal en Asesorías Ambientales-Forestales, supervisión ambiental de proyectos y elaboración de documentos técnicos para trámites de permisiones operacionales desde Noviembre 1984 a Diciembre 1997.

Luego trabaja como accionista con el cargo de Vicepresidente en la Consultora Ambiental Proyectos

Forestales, C.A. (PROFORCA), en Formulación y Ejecución de Proyectos Ambientales, Restauración Ecológica y Saneamiento Ambiental a partir de Enero 1998 a Enero 2008 a acreedores como Carbones del Guasare, Carbones de la Guajira, PALMA-VEN-PDVSA, PDVSA-SHA, entre otros; luego en TRANSSERCA como Presidente desempeñando Asesorías y Supervisiones Ambientales, Elaboración de documentos técnicos para tramites de permisiones, Labores de Saneamiento Ambiental, entre otros servicios forestales-ambientales a empresarios desde Febrero 2008 a Agosto 2013.

Desde el día 23/09/2013 es el Gte de Ambiente, Seguridad y Salud de Cementos Catatumbo, C.A. (CECAT), en el Desempeño del Sistema de Gestión Ambiental, Cumplimiento del Programa de Seguridad Industrial y Salud en el Trabajo, entre otras actividades afines y desde el 02/10/2023 es el Gte de Ambiente; alternando acciones académicas universitarias en la Universidad Experimental de las Fuerzas Armadas (UNEFA), Núcleo Zulia como Jefe de Línea de Investigación y Miembro del Comité Académico del Programa de Maestría de Gerencia Ambiental (PMGA, 2010), Coordinador del Programa de Maestría de Gcia Logística, además Carga Académica del PMGA y/o Profesor TV (2012 -2018) en las siguientes asignaturas:

•Estudios de Impacto Ambiental y Sociocultural (EIASC, 3era Cohorte 2012-2 y 6ta Cohorte 2016-3).

- Formulación y Evaluación Ambiental de Proyectos (3era Cohorte 2012-3).
- Ambiente y Estilos de Desarrollo (2013-1, 4ta Cohorte; 2016-2, 6ta Cohorte).
- Planificación y Gestión Ambiental (PGA, 5ta Cohorte 2014-2).
- Auditorías Ambientales (6ta Cohorte 2017-1: AGA-51163, Electiva, III Termino).

De igual forma Presidente del Jurado y Miembro Principal de Trabajos de Grado en el PMGA en temas afines con el Desempeño óptimo del Sistema de Gestión Ambiental en las organizaciones. Además, de Tutor Académico de unos 12 Trabajos de Grado en el PMGA, Asesor o Tutor Empresarial / Industrial de pasantes en Cementos Catatumbo / CECAT; entre otras labores académicas.

Contenido

Este libro fue diseñado y exportado para su publicación en AMAZON por SULTANA DEL LAGO EDITORES, en los talleres gráficos del poeta Luis Perozo Cervantes, en Maracaibo, estado federal del Zulia, en el continente americano, del planeta tierra; a los 10 días del mes de febrero de 2023, el mismo día de 1859 en que nace Guillermo Trujillo Durán.